ISW Forschung und Praxis

Berichte aus dem Institut für Steuerungstechnik
der Werkzeugmaschinen und Fertigungseinrichtungen
der Universität Stuttgart

Herausgeber: Prof. Dr.-Ing. Dres. h.c. G. Pritschow

Band 126

Springer-Verlag Berlin Heidelberg GmbH

Christian Anders

Adaptierbares Diagnosesystem bei Transferstraßen

Springer

D 94

© Springer-Verlag Berlin Heidelberg 1998
Ursprünglich erschienen bei Springer-Verlag Berlin Heidelberg New York 1998

ISBN 978-3-540-65405-6   ISBN 978-3-662-05591-5 (eBook)
DOI 10.1007/978-3-662-05591-5

Gesamtherstellung: Druckerei Kuhnle, Esslingen
SPIN: 10707094   62/3020-543210

Geleitwort des Herausgebers

In der Reihe „ISW Forschung und Praxis" wird fortlaufend über Forschungs-
ergebnisse des Instituts für Steuerungstechnik der Werkzeugmaschinen und
Fertigungseinrichtungen der Universität Stuttgart (ISW) berichtet, das sich in
vielfältiger Form mit der Weiterentwicklung des Systems Werkzeugmaschine
und anderer Fertigungseinrichtungen sowie der Produktionstechnik beschäftigt.
Die Arbeiten dieses Instituts konzentrieren sich im besonderen auf die Bereiche
Numerische Steuerungstechnik, Planungs- und Leitsysteme, Softwaretechnik,
Maschinen- und Industrierobotertechnik sowie Meß-, Regel- und Antriebssys-
teme, also auf die aktuellsten Bereiche der Fertigungstechnik. Dabei stehen
Grundlagenforschung und anwenderorientierte Entwicklung in einem stetigen
Austausch, wodurch ein ständiger Technologietransfer zur Praxis sichergestellt
wird.

Die Buchreihe erscheint in zwangloser Folge und stützt sich auf Berichte
über abgeschlossene Forschungsarbeiten und Dissertationen. Sie soll dem
Ingenieur bei der Weiterbildung dienen und ihm Hilfestellungen zur Lösung
spezifischer Probleme geben. Für den Studierenden bietet sie eine Möglichkeit
zur Wissensvertiefung. Sie bleibt damit unter erweitertem Namen und neuer
Herausgeberschaft unverändert in der bewährten Konzeption, die ihr der Grün-
der des ISW, der leider allzu früh verstorbene Prof. Dr.-Ing. G. Stute, im Jahre
1972 gegeben hat.

Der vorliegende Band befaßt sich mit der Störungsbehebung und Störungs-
vermeidung bei Transferstraßen mit Hilfe eines adaptierbaren, wissens-
basierten Diagnosesystems. Neben umfassenden Auswertungen mittels
Leitsystemen in der Praxis an Transferstraßen erfaßten Daten werden die
Grundlagen adaptierbarer Software und der Methoden programmbasierten
Lernens beleuchtet. Der Schwerpunkt des vorliegenden Bands bildet die
Darstellung der Entwicklung eines anwendungsorientierten, adaptiven
Diagnosesystems für Transferstraßen auf der Grundlage einer Methode zur
programmbasierten Erfassung des Störungswissens des Betriebs- und
Wartungspersonal. Die mit dem Diagnosesystem in der betrieblichen Praxis
erzielten Ergebnisse werden vorgestellt und diskutiert.

Der Herausgeber dankt der Druckerei für die drucktechnische Betreuung und
dem Springer-Verlag für die Aufnahme der Reihe in sein Lieferprogramm.

G. Pritschow

Vorwort

Die vorliegende Arbeit entstand im Rahmen meiner Tätigkeit als Doktorand am Institut für Steuerungstechnik der Werkzeugmaschinen und Fertigungseinrichtungen der Universität Stuttgart (ISW) unter der wissenschaftlichen Leitung von Prof. Dr.-Ing. A. Storr in Zusammenarbeit mit der Verfahrensentwicklung der Mercedes-Benz AG. Ihm danke ich für die gute Betreuung, die vielen, hilfreichen Anregungen und die wertvollen fachlichen Diskussionen.

Bei Herrn Prof. Dr.-Ing. Dr. h. c. U. Heisel möchte ich mich für sein entgegengebrachtes Interesse an dieser Arbeit und die Übernahme des Mitberichts bedanken.

Herrn Dipl.-Ing. R. Kluth und Herrn Dipl.-Ing. D. Schützenauer möchte ich für die freundliche Aufnahme in der Abteilung Meß,- Prüf- und Automatisierungstechnik der Verfahrensentwicklung der Mercedes-Benz AG danken.

Besonders bedanken möchte ich mich bei Herrn Dr.-Ing. C. Siegel, Projektleiter des Projekts "Neue Produktionssysteme", der die Anregung zu dieser Arbeit gab mit seinem Rat und seiner Erfahrung in vielen konstruktiven Gesprächen den erfolgreichen Abschluß dieser Arbeit erst möglich machte.

Auch den Herren Dipl.-Ing. U. Spahn, Dipl.-Ing. P. Stadtler, Dipl.-Ing. E. Dobler, Dipl.-Ing. M. Schoenenberg, Dipl.-Ing. D. Ruoff und Dipl.-Ing. T. Brandl gilt mein besonderer Dank für die sehr gute und fruchtbare Zusammenarbeit sowie die zahlreichen fachlichen Diskussionen.

Alle anderen nicht namentlich genannten Mitarbeitern des ISW sowie der Verfahrensentwicklung der Mercedes-Benz AG danke ich für ihr stets kollegiales Verhalten und ihre Aufgeschlossenheit.

Den Mitarbeitern des Betriebs- und Wartungspersonals der Zylinderkopf- und Kurbelgehäusefertigung der Motoren M111 und M119 möchte ich für die erhaltene Unterstützung während der Datenerhebung und der Realisierung des adaptierbaren Diagnosesystems sehr herzlich danken.

C. Anders

- 7 -

Inhalt

Abkürzungen

ANSI	American National Standards Institute
ASCII	American Standard Code for Information Interchange
BeP	Betriebspersonal
EBF	Einheitsbenutzungsfeld
ESPS	Einheitensteuerung
E/A	Ein-/Ausgänge
CNC	Computerized Numerical Control
HBF	Hauptbenutzungsfeld
ISW	Institut für Steuerungstechnik der Werkzeugmaschinen und Fertigungseinrichtungen der Universität Stuttgart
KG	Kurbelgehäuse
KI	Künstliche Intelligenz
KSPS	Kopfsteuerung
M	Transferstraße
MB	Megabyte
MaH	Maschinenhersteller
MHz	Megahertz
MT	Maschinentakt
PC	Personalcomputer
RC	Robot Control
RAM	Random Access Memory
SPS	Speicherprogrammierbare Steuerung
WaP	Wartungspersonal
Wst	Werkstück
ZK	Zylinderkopf

Formelzeichen

Symbol	Einheit	Bedeutung
$\underline{D}$	—	Diagnosevektor
D_E	—	erweiterter Diagnosevektor
$\underline{D}_{i,j}$	—	i-ter Diagnosevektor zur Ereignismenge $\underline{U}_{EMj}$ ($i = 1, 2, \dots, N_{Dj}$)
$\underline{D}_{WBj}$	—	Gespeicherter Diagnosevektor ($j = 1, 2, \dots, N_{WB\,Max\,\underline{D}}$)
$\underline{F}$	—	Filtervektor
$G(t)$	—	Gewichtsfunktion
I	[s]	Intervalldauer
i, j	—	allg. Zählvariable
k_{Max}	—	Anzahl zugelassener Verknüpfungen $\underline{V}_{WB\,i,j}$ je Merkmalsvekor
$\underline{M}$	—	Merkmalsvektor
$\underline{M}_B$	—	Bereinigter Merkmalsvektor
$\underline{M}_{Bj}$	—	Bereinigter Merkmalsvektor zur Ereignismenge $\underline{U}_{EMj}$
$\underline{M}_{B\,WB\,i}$	—	Gespeicherter bereinigter Merkmalsvektor ($i = 1, 2, \dots, N_{WB\,Max\,\underline{M}}$)
$N_{\underline{D}j}$	—	Anzahl der Diagnosevektoren zum Merkmalsvektor $\underline{M}_{Bj}$
$N_{E\,[t;\,t']}$	—	Anzahl der im Intervall [t; t'] aufgetretenen Ereignisse eines Punktprozesses
N_{EMj}	—	Anzahl der Ursachen der Ereignismenge $\underline{U}_{EMj}$
N_{ER}	—	Anzahl der Ursachen des Ereignisraums $\underline{U}_{ER}$
$N_{WB\,\underline{D}}$	—	Anzahl gespeicherter Diagnosevektoren
$N_{\underline{V}i}$	—	Anzahl der dem Merkmalsvektor $\underline{M}_{B\,WB\,i}$ zugeordneten Verknüpfungen $\underline{V}_{WB\,i,j}$ ($N_{\underline{V}i} \leq k_{Max}$)
$N_{WB\,Max\,\underline{D}}$	—	Maximale Anzahl speicherbarer Diagnosevektoren $\underline{D}_{WBj}$
$N_{WB\,Max\,\underline{MB}}$	—	Anzahl gespeicherter Merkmalsvektoren $\underline{M}_{B\,WB\,i}$
$N_{WB\,\underline{MB}}$	—	Maximale Anzahl speicherbarer Merkmalsvektoren $\underline{M}_{B\,WB\,i}$
$N_{WB\,\underline{V}}$	—	Anzahl gespeicherter Verknüpfungen $\underline{V}_{WB\,i,j}$
p	—	Wahrscheinlichkeit
$p_{i,j}$	—	Erfolgswahrscheinlichkeit der Verknüpfung $\underline{V}_{WB\,i,j}$

Symbol	Einheit	Bedeutung
R	$[s^{-1}]$	Rate (Ereignisse/Zeit)
S	—	Symptom
t	$[s]$	Zeit
$T_{1/2}$	$[s]$	Halbwertszeit
T_N	$[s]$	Zeit zwischen zwei Neuberechnungen
$T_{i,j}$	$[s]$	Validierungszeit der Verknüpfung $\underline{V}_{WB\,i,j}$
U	—	Ursache
$U_{i,j}$	—	i-te Ursache der Ereignisemenge $\underline{U}_{EM\,j}$ ($i = 1, 2, ..., N_{U\,j}$)
$\underline{U}_{ER}$	—	Ereignisraum
$\underline{U}_{EM}$	—	Ereignismenge
$\underline{U}_{EM\,j}$	—	Ereignismenge j
$\underline{V}_{WB\,i,j}$	—	Verknüpfung $\underline{M}_{B\,WB\,i} \rightarrow \underline{D}_{WB\,j}$
$X(t)$	—	Gleitender Mittelwert
$X_I(t)$	—	Rekursiv berechneter gleitender Mittelwert
$X_N(t)$	$[s^{-1}]$	Normierter gleitender Mittelwert
$X_{N\,V\,i,j}(t)$	$[s^{-1}]$	Normierter gleitender Mittelwert der Verknüpfung $\underline{V}_{WB\,i,j}$
$X_{NI}(t)$	$[s^{-1}]$	Rekursiv berechneter normierter gleitender Mittelwert
$X_{NI\,F}(T_N)$	—	Mittlerer Fehler
$X_{NI\,SV\,i,j}(t)$	$[s^{-1}]$	Summierter normierter gleitender Mittelwert
$X_{NI\,V\,i,j}(t)$	$[s^{-1}]$	Rekursiv berechneter normierter gleitender Mittelwert der Verknüpfung $\underline{V}_{WB\,i,j}$
X_∞	—	Grenzwert des gleitenden Mittelwerts (R = konst.)
$X_{I\,\infty}$	—	Rekursiv berechneter Grenzwert des gleitenden Mittelwert
$\underline{Z}$	—	Zustandsvektor
γ	—	Multiplikationsfaktor
λ	$[s^{-1}]$	Zerfallskonstante
$\tau_{i,j}$	$[s]$	Ruhezeit der Verknüpfung $\underline{V}_{WB\,i,j}$
$\sigma_{i,j}$	$[s^{-1}]$	Erfolgsdichte der Verknüpfung $\underline{V}_{WB\,i,j}$

1 Einleitung und Problemstellung

Die Großserienfertigung komplexer Werkstücke unterliegt einem stetig steigenden Kostendruck. Zur Senkung der Kosten in der mechanischen Fertigung reagieren die Unternehmen mit dem Einsatz automatisierter, mit umfangreicher Funktionalität ausgestatteter Fertigungslinien aus Transferstraßen.

In der vorliegenden Arbeit wird gezeigt, daß Störungen in Verbindung mit einer starren Verkettung der Transferstraßen die Ursache der geringen Produktionsleistung heutiger Fertigungslinien sind. Eine rasche Störungsbehebung wird durch die mangelnde Transparenz des Zusammenwirkens der einzelnen funktionalen Gruppen der Transferstraßen erschwert.

Diagnosesysteme sollen die rasche Störungsbehebung durch das Betriebs- und Wartungspersonal unterstützen. Ziel ist die Minimierung der Auswirkungen der Störungen. Entsprechend einer in dieser Arbeit durchgeführten Analyse tritt die Aufgabe, durch die Unterstützung der systematischen Beseitigung von Schwachstellen in den Transferstraßen Störungen bereits im Vorfeld zu vermeiden, neu hinzu.

Umfangreiche Erfahrungen mit Diagnosesystemen belegen, daß die gestellten Aufgaben nur bei Verfügbarkeit von Wissen über die Transferstraßen und den Produktionsprozeß gelöst werden können. Diese Beobachtung bildete den Ausgangspunkt zur Entwicklung wissensbasierter Diagnosesysteme.

Die in den vergangenen Jahren mit wissensbasierten Diagnosesystemen gemachten Erfahrungen zeigen, daß deren Leistungsfähigkeit durch langwierige Handhabung und mangelnde Akzeptanz bei dem unter hohem Zeitdruck stehenden Betriebs- und Wartungspersonal stark eingeschränkt wird. Daneben führen hohe Kosten zur Erstellung, Wartung und Pflege der Wissensbasis zur Ablehnung der Systeme bei den Unternehmen. Trotz deren möglichen hohen Leistungsfähigkeit erweisen sich solche Systeme in der Praxis als ungeeignet.

Parallel zur Weiterentwicklung umfangreicher wissensbasierter Diagnosesysteme besteht daher heute die Hinwendung zu einfacheren wissensbasierten Systemen. Im Mittelpunkt dieser Systeme stehen Symptom-Ursache-Beziehungen und Wissen des Betriebs- und Wartungspersonals. Aufwendige tiefe Modelle werden hierbei durch heuristische Beschreibungen und einfache, flache Modelle ersetzt.

Die Akzeptanz dieser Systeme bei dem Betriebs- und Wartungspersonal ist neben der Möglichkeit einer einfachen Integration in die Steuerungen der Transferstraßen die Voraussetzung für deren erfolgreichen Einsatz. Diese Aspekte sind nur wenig untersucht und vorhandene Lösungsansätze sind auf einzelne ausgewählte Problemstellungen beschränkt. Die Hauptschwierigkeit für die breite Anwendung liegt in der Erfassung und Handhabung des Wissens des Betriebs- und Wartungspersonals.

Die Aufgaben der Erfassung und Handhabung dieses Wissens sowie der Konzeption und prototypischen Umsetzung eines adaptierbaren, wissensbasierten Diagnosesystems bei Transferstraßen und dessen Bewertung durch den Nutzer sollen in der vorliegenden Arbeit gelöst werden.

Entsprechend der Problemstellung ist die Entwicklung eines solchen Diagnosesystems nur in einer engen Kooperation zwischen Forschungsinstituten und den Betreibern der Transferstraßen im produktionsnahen Umfeld möglich. Ein solche Kooperation bildet die Grundlage dieser Arbeit.

2   Begriffe

2.1   Begriffe zu Transferstraßen

Die Suche nach hinsichtlich der Produktionskosten der Werkstücke optimalen Bearbeitungsabläufen in der Großserienfertigung führte zur Entwicklung von *Fertigungslinien*, in denen die Werkstücke vom Rohteil bis zum montagegerechten Fertigteil vollautomatisch bearbeitet und transportiert werden können.

Hauptkomponente solcher Fertigungslinien sind *Transferstraßen*. *Belade-* und *Entladeeinrichtungen* sowie *Werkstückpuffer* ermöglichen einen automatisierten Materialfluß.

Transferstraßen sind in einzelne *Bearbeitungsstationen* unterteilt, in denen die Bearbeitung der Werkstücke erfolgt. Jede Bearbeitungsstation umfaßt eine oder mehrere *Bearbeitungseinheiten*. <u>Bild 2.1-1</u> zeigt schematisch den Aufbau und die Ausdehnung einer Fertigungslinie aus Transferstraßen.

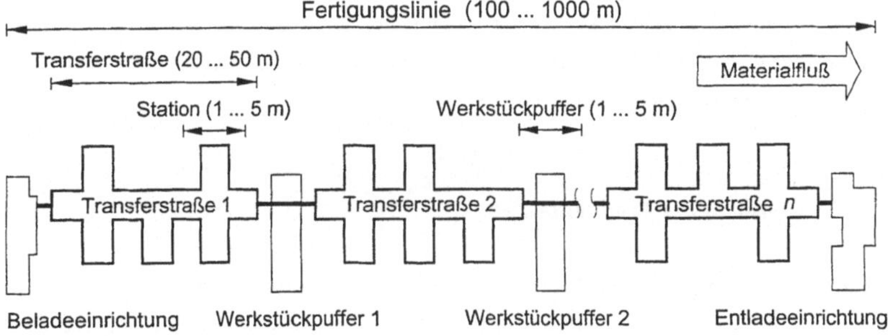

<u>Bild 2.1-1</u>:   Schematischer Aufbau einer Fertigungslinie aus Transferstraßen.

Innerhalb der Transferstraßen werden die Werkstücke durch ein starres Transportsystem nach Abschluß der Bearbeitung in den Bearbeitungsstationen zur jeweils nächsten Bearbeitungsstation transportiert. Die Bearbeitungsstationen sind über das Transportsystem starr verkettet. Der Betrieb einer Transferstraße ist nur bei Betriebsfähigkeit aller Bearbeitungsstationen der Transferstraße möglich. Die Zeit zwischen jeweils zwei Transportvorgängen wird als *Taktzeit* bezeichnet.

2.2 Begriffe zur Diagnose

2.2.1 Störung

Das Themenfeld der Diagnose ist geprägt durch eine Vielzahl von Begriffen, die zum Teil mit unterschiedlichen Bedeutungen verknüpft sind. Zentrale Stellung nimmt der Begriff der *Störung* ein. Hierbei bezeichnet Störung jede Art von Abweichung vom normalen *Produktionsprozeß* [1,2,3]. Dabei kennzeichnet den normalen Produktionsprozeß eine geplante oder prognostizierte Abfolge von Vorgängen oder Arbeitsschritten, die als Ergebnis das vollständig bearbeitete Werkstück vorweisen. Eine Störung ist ein *Zustand*. Die Zeitspanne dieses Zustands heißt *Störungsdauer*.

In Anlehnung an [3] bezeichnet im folgenden der Begriff *Störungseintritt* den Übergang vom ungestörten in den gestörten Zustand einer Transferstraße. Der Störungseintritt ist ein *Ereignis* [4]. Die nach dem Störungseintritt auftretenden Abweichungen vom Produktionsprozeß bilden die Grundlage der *Störungserkennung*. Im Anschluß an die Störungserkennung erfolgen die *Störungsmeldung,* die *Störungseingrenzung* und die *Störungsbehebung*. Die Störungsbehebung umfaßt die *Störungslokalisierung*, die *Instandsetzung* der gestörten Komponente und den *Wiederanlauf* der Transferstraße durch das Betriebs- und Wartungspersonal.

2.2.2 Teilzeiten der Produktionszeit

Die Zeit zwischen geplantem Produktionsbeginn und Produktionsende heißt *Produktionszeit* [5,6]. Teilzeiten der Produktionszeit sind *Klarzeit* und *Störungsdauer*. Hierbei ist die Klarzeit definiert als die Zeit, in der der ungestörte Zustand ununterbrochen andauert [7]. Sie wird bei instandzusetzenden Einheiten auch *Ausfallabstand* genannt. Ergänzend hierzu bezeichnet die *Zwischenereigniszeit* die Zeit zwischen dem wiederholten Eintritt einer gleichen Störung.

Jede wiederholt auftretende Störung ist durch eine eigene *Zwischenereigniszeit* gekennzeichnet. Die arithmetischen Mittelwerte von Störungsdauer, Ausfallabstand und Zwischenereigniszeit werden in Anlehnung an [7] im folgenden als *mittlere Störungsdauer, mittlerer Ausfallabstand* und *mittlere Zwischenereigniszeit* benannt.

Die aus Störungen der Werkstückver- und -entsorgung folgenden Unterbrechungen des Betriebs von Transferstraßen werden im folgenden als *logistische Stillstände* der Transferstraßen bezeichnet. Die Dauer der logistischen Stillstände wird in dieser Arbeit als *logistische Stillstandsdauer* bezeichnet. In Anlehnung an [7] steht der Ausdruck *mittlere logistische Stillstandsdauer* für den arithmetischen Mittelwert der logistischen Stillstandsdauern. Die Abfolge der Teilzeiten ist in <u>Bild 2.2.2-1</u> zusammengefaßt dargestellt.

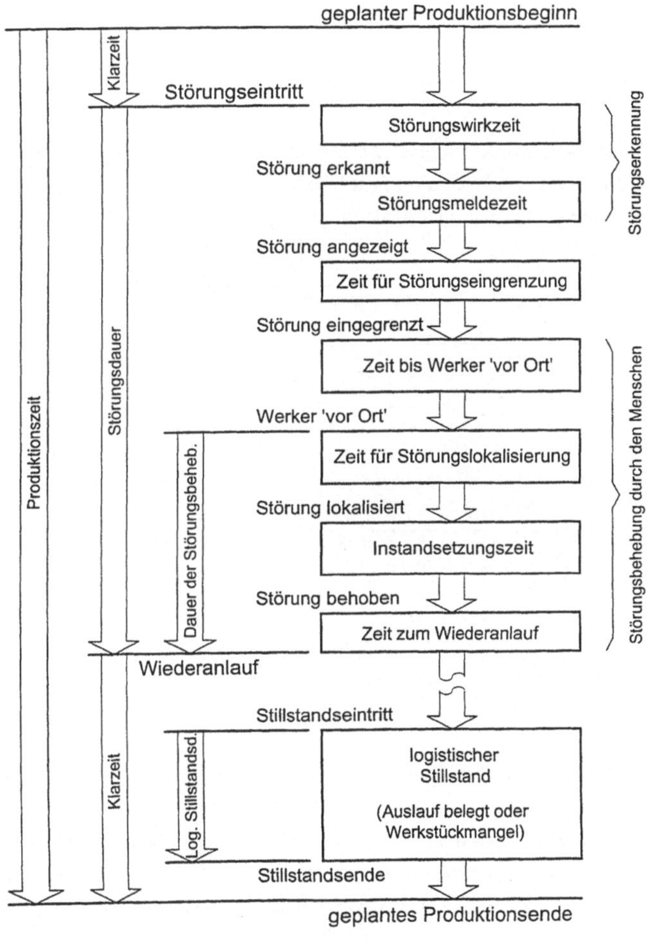

<u>Bild 2.2.2-1:</u>   Teilzeiten der Produktionszeit [8,9].

2.2.3 Technische Verfügbarkeit, k-Faktor

Das von Störungen beeinflußte Verhalten von Produktionssystemen wird durch die Kenngrößen *technische Verfügbarkeit* und *k-Faktor* beschrieben [5,6]. Die technische Verfügbarkeit entspricht dem Quotient aus Klarzeit und Produktionszeit. Der k-Faktor bezeichnet den Anteil der Klarzeit abzüglich der logistischen Stillstandsdauer an der Produktionszeit. Er ist stets kleiner oder gleich der technischen Verfügbarkeit.

2.2.4 Überwachung, Diagnose, Reaktion

Im Zusammenhang mit dem Begriff der Störung stehen unmittelbar die Begriffe *Überwachung*, *Diagnose* und *Reaktion*. Einen Überblick über den Kontext und die Aufgaben von Überwachung, Diagnose und Reaktion gibt Bild 2.2.4-1 [2,10,11,12,13].

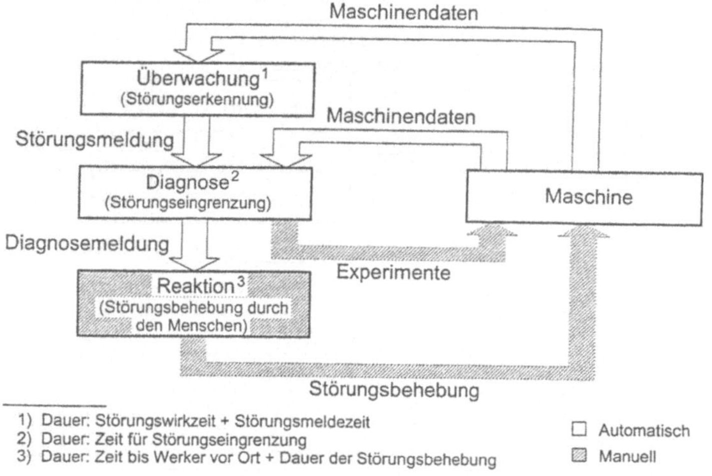

Bild 2.2.4-1: Kontext und Aufgaben von Überwachung, Diagnose und Reaktion.

Entsprechend ihrer Aufgaben werden *Überwachungssysteme* und *Diagnosesysteme* unterschieden. Überwachungssysteme dienen ausschließlich der Störungserkennung. Sie erstellen im Fall einer Störung eine *Störungsmeldung*, die unmittelbar zur Anzeige gebracht wird oder zu einem automatischen Start des Diagnosesystems führt (*Post-Mortem-Diagnose*).

2.2.5 Zustandsraum, Zustandsvektor, Zustandsgrößen

Grundlage der Überwachung bildet die Gesamtheit der mit dem Prozeß verbundenen Ein- und Ausgänge der Steuerung und die im Speicher der Steuerung enthaltenen Daten. Diese Gesamtheit bildet den *vollständigen Zustandsraum*. Die im vollständigen Zustandsraum enthaltenen Daten werden *Zustandsgrößen* x_j, j = 1, 2, 3 ... n [14] genannt. Zustandsgrößen können sowohl zeitveränderliche als auch zeitinvariante Größen sein. Treten keine äußeren Einflüsse in Erscheinung, bestimmen die Zustandsgrößen den momentanen Zustand und das weitere Verhalten von Transferstraße und Produktionsprozeß.

Die mathematische Repräsentation der Zustandsgrößen der betrachteten Steuerung wird als Zustandsvektor $\underline{Z} = (x_1, x_2, x_3, ..., x_n)$ bezeichnet [14]. Aufgrund eingeschränkter Schnittstellen der Steuerungen ist stets nur ein Teil der Zustandsgrößen von außen zugänglich. Die Summe dieser zugänglichen Zustandsgrößen bilden den *zugänglichen Zustandsraum*.

Der Umstand, daß ein Zustand einer Transferstraße zu einem Symptom wird, hängt von dem momentanen Betriebszustand der Transferstraße ab. Unter *Symptom* wird hierbei ein detektierbares Anzeichen für eine Störung verstanden. Aus den zugänglichen Zustandsgrößen ableitbare Symptome werden im folgenden als *Merkmal* einer Störung bezeichnet. Entsprechend wird in dieser Arbeit die mathematische Repräsentation der zugänglichen Zustandsgrößen *Merkmalsvektor $\underline{M}$* genannt.

2.3 Begriffe zu wissensbasierten Systemen

2.3.1 Wissensbasiertes System

Der Begriff wissensbasiertes System bildet einen Sammelbegriff für verschiedene, aus einer Verbindung traditioneller Techniken der Informationsverarbeitung mit anwendungsnahen Teilgebieten der *Künstlichen Intelligenz* (KI) hervorgegangene Systeme zur Speicherung, Wiedergewinnung, Verknüpfung und Auswertung von Informationen [15,16,17,18,19].

2.3.2 Daten, Informationen, Wissen

Grundlage aller wissensbasierten Systeme bilden *Daten*. Unter *Daten* werden bei wissensbasierten Systemen Sammlungen von gemessenen oder beobachteten Werten von Phänomenen der realen Welt verstanden. Ihre Repräsentation stützt sich auf Gebilde aus Zeichen oder kontinuierlichen Funktionen, die aufgrund bekannter oder unterstellter Abmachungen *Informationen* darstellen. *Informationen* sind hierbei Daten und ihre durch Interpretation gewonnene Bedeutung in einem gewissen Kontext [15,20,21]. Ergänzend zu Daten und Informationen wird in der KI von *Wissen* gesprochen, wenn bei einer gegebenen Menge von Informationen die Zahl der auftretenden unterschiedlichen Informationen im Verhältnis zu ihrer Wiederholung hoch ist (Komplexitätskriterium) und die Zahl der Relationen zwischen den Informationen im Verhältnis zu ihrer Anzahl hoch ist (Konnektivitätskriterium) [15,21].

2.3.3 Datenbasis, Wissensbasis, Wissensarten

Wissensbasierte Systeme sind durch eine funktionale Trennung von Datenverarbeitung und Datenspeicherung gekennzeichnet. Die Speicherung aller für den betrachteten Informationsbereich relevanten Daten erfolgt in einer konzentrierten, strukturierten und modularen Form in einer *Datenbasis* [4,16]. Bei wissensbasierten Systemen wird die Datenbasis als *Wissensbasis* bezeichnet.

Das in Wissensbasen gespeicherte Wissen kann in Umfang und Struktur grundlegende Unterschiede aufweisen. Die strukturellen Unterschiede führen zu einer Einteilung des Wissens in verschiedene *Wissensarten*. Hierbei wird unter Wissensart eine nicht-inhaltsbezogene Klassifizierung von Wissen nach dessen Struktur verstanden [16]. In Abgrenzung zur Wissensart wird die Codierung von Wissen in geeigneten Datenstrukturen wird *Wissensrepräsentation* genannt [22]. Eine gängige, in [36,37] dargestellte Klassifizierung von Wissens zur Störungsbehebung in Wissensarten zeigt Tabelle 2.3.3-1.

Bei einfachen Ansätzen wissensbasierter Systeme wird überwiegend auf Faktenwissen, in geringerem Maß auf Interpretationswissen zurückgegriffen. Diese Systeme stützen sich auf Oberflächenwissen und werden als *flache Systeme* bezeichnet. Findet bei wissensbasierten Systemen auch Relations- oder Strategiewissen Verwendung, so werden diese Systeme in Analogie zur Bezeichnung des ihnen hinterlegten Wissens als *tiefe Systeme* bezeichnet.

Wissensart	Beispiele für die Wissensart
Faktenwissen	Bekannte oder ermittelte Daten (z.B. Meßwerte).
Interpretationswissen	Beschreibung der subjektiven oder objektiven Bedeutung der Daten.
Relationswissen	Beziehungen zum Herleiten neuer Daten aus bekannten.
Strategiewissen	Vorgehensweisen zum Verwenden der vorhandenen und Ableiten weiterer Daten oder Informationen.
Oberflächenwissen	Empirisches, statistisches, assoziatives Wissen; Erfahrungen.
Tiefenwissen	Kombinatorisches Wissen über Zusammenhänge und Strukturen.

Tabelle 2.3.3-1: Begriffe zu Wissensarten [36,37].

2.3.4   Adaption, programmbasiertes Lernen, Wartung, Pflege

Erfolgt das Aufbauen, Einfügen, Ändern und Löschen der Daten durch den Fachexperten oder durch einen als *Wissensingenieur* bezeichneten Mittler zwischen Fachexperte und der Wissensbasis, so spricht man von *Adaption*. In Abgrenzung dazu bezeichnet *programmbasiertes Lernen* das selbständige Aufbauen, Einfügen, Ändern und Löschen von Daten in der Datenbasis durch das wissensbasierte System [23,24].

Grundlage der Adaption ist die *Wissensakquisition* [16]. Sie umfaßt die Erfassung, Formulierung und Gliederung des Wissens sowie dessen Formalisierung und Überprüfung auf Widerspruchsfreiheit, Vollständigkeit und Redundanzfreiheit bei der Überführung in die vom wissensbasierten System verwendete Form der Wissensrepräsentation [16,25]. Adaption und Lernen dienen der *Wartung* und *Pflege* der Wissensbasis. Hierbei wird unter *Wartung* die Beseitigung von Fehlern in der Wissensbasis verstanden. Die Erweiterung oder Änderung deren Inhalts wird als *Pflege* der Wissensbasis bezeichnet.

2.3.5   Nichtmonotones Schließen

Unabhängig von der Architektur und Leistungsfähigkeit des wissensverarbeitenden Systems gilt, daß bei lückenhaften Informationen bereits bei der Verfügbarkeit von mehr - nicht anderen - Informationen das Ergebnis jeder Informationsverarbeitung zu einem grundlegend anderen Ergebnis führen kann. Dieses nicht auf den Bereich wissensbasierter Systeme beschränkte Phänomen heißt *nichtmonotones Schließen* [26,27].

2.3.6   Modelle, Heuristik

Das in Wissensbasen abzubildende Wissen kann sowohl heuristische Beschreibungen als auch funktionale und physische Modelle umfassen. Hierbei bezeichnet *Heuristik* eine Methode, um bei unvollständiger Information neue Erkenntnisse zu gewinnen oder Probleme zu lösen. Heuristische Beschreibungen sind Beschreibungen der Wirklichkeit, die es dem Menschen ermöglichen, mit Situationen umzugehen, die vom mathematischen Standpunkt aus für eine geschlossene Lösung zu kompliziert sind oder für die keine geschlossene Lösung bekannt ist. Sie kommen zur Anwendung, um bei wissensbasierten Systemen umfangreiche funktionale und physische Modelle zu ersetzen oder zu ergänzen [2,19,28].

Hierbei wird unter einem *Modell* die Abbildung eines Systems oder Prozesses in ein anderes begriffliches oder gegenständliches System verstanden, das aufgrund der Anwendung bekannter Gesetzmäßigkeiten, einer Identifikation oder auch getroffener Annahmen gewonnen wird und das System oder den Prozeß bezüglich ausgewählter Fragestellungen hinreichend genau abbildet. Finden Modelle Verwendung, so kennzeichnet die *Struktur* der Modelle die Art des wissensbasierten Systems. Hierbei wird unter *Struktur* die Gesamtheit der Beziehungen zwischen den Teilen eines Ganzen verstanden [14].

2.4   Begriffe zur objektorientierten Modellierung

2.4.1   Objekte, Abgeschlossenheit

Zur Repräsentation der Teile des Modells in wissensbasierten Systemen werden häufig *Objekte* verwendet. Hierbei bezeichnet ein Objekt ein abgeschlossenes Element oder eine Kombination von Elementen mit zeitlich veränderbarem Zustand, Funktionen und Eigenschaften. Unter Abgeschlossenheit wird das nach außen einheitliche Verhalten der Objekte verstanden, bei der die interne Struktur des Objekts nach außen verborgen bleibt [15]. Baulich und funktional abgeschlossenen Elemente der zu modellierenden Systeme werden im folgenden in Anlehnung an [37] als *natürliche Objekte* bezeichnet. Die bei

der objektorientierten Modellierung zu Tage tretenden informationstechnischen Repräsentationen natürlicher Objekte heißen *informationstechnische Objekte* [37]. Das Bilden
informationstechnischer Objekte aus übergeordneten *Klassen* wird *Instanziierung* genannt [15]. Hierbei bezeichnet der Begriff *Klasse* eine schematische Zusammenfassung
von informationstechnischen Objekten [15].

2.4.2   Hierarchische Reduktion, Dekomposition

Bei der Kombination natürlicher Objekte treten wiederum baulich und funktional abgeschlossene Objekte in Erscheinung. Diese Kombinationen bilden natürliche Objekte auf
einer höheren Aggregationsebene. Bei diesem als *hierarchische Reduktion* bezeichneten
Prozeß werden mit zunehmender Aggregationsebene die dargestellten Informationen auf
die für den Gesamtzusammenhang wichtigen Angaben reduziert. Das umgekehrte Vorgehen wird als *Dekomposition* bezeichnet [38]. Bild 2.4.2-1 zeigt exemplarisch das Prinzip der wiederholten schrittweisen Dekomposition bei Transferstraßen.

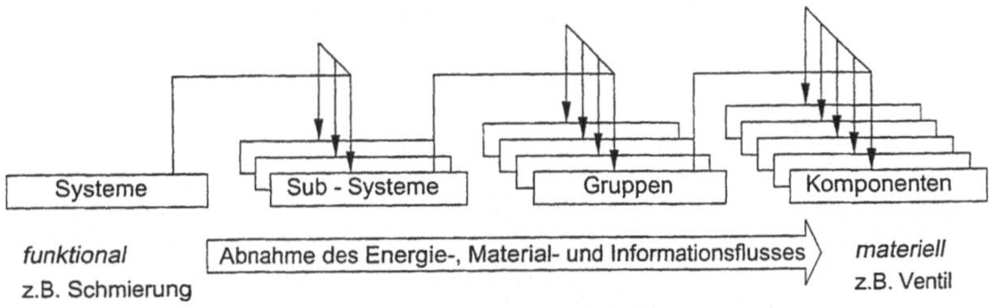

Bild 2.4.2-1:   Prinzip der wiederholten schrittweisen Dekomposition.

2.4.3   Semantische Netze, Baumstrukturen

Die Darstellung der modellierten Systeme aus Objekten und den zwischen den Objekten
bestehenden Verbindungen führt zu *semantischen Netzen*. Die Elemente semantischer
Netze werden als *Knoten* bezeichnet. Die zwischen Knoten bestehenden Verbindungen
werden *Kanten* genannt. Kanten können sowohl gerichtet als auch ungerichtet sein.

Die Gestalt und Bedeutung des bei der objektorientierten Modellierung entstehenden semantischen Netzes werden von der bei der Modellierung gewählten Bedeutung der

zwischen den Objekten bestehenden Kanten bestimmt. Diese Bedeutung der Kanten wird als *Objektbeziehung* bezeichnet [16].

Zusammenhängende, zyklenfreie Graphen [29], deren Knoten höchstens eine einlaufende Kante besitzen, heißen *Baumstrukturen*. Sie bilden eine Unterklasse semantischer Netze. Der einzige Knoten der Baumstruktur ohne einlaufenden Kante wird *Wurzel* genannt. Unter *Blätter* werden all jene Knoten verstanden, die keine auslaufende Kante besitzen.

Die Abfolge von Knoten zwischen der Wurzel und einem Knoten heißt *Schlüssel*. Jeder Knoten einer Baumstruktur besitzt einen eindeutigen Schlüssel. Hierbei bezeichnet ein *Schlüssel* ein Element oder eine Kombination von Elementen von Daten, die deren eindeutige Identifizierung in einer Datenbasis ermöglichen [15].

Die Anzahl der Knoten des Wegs zwischen der Wurzel und dem Knoten selbst heißt *Niveau*. Das größte auftretende Niveau einer Baumstruktur wird *Höhe* genannt. Unter *Ordnung* wird die größte Anzahl einem Knoten unmittelbar nachfolgender Knoten verstanden. Ein Beispiel einer Baumstruktur der Höhe *4* und Ordnung *3* zeigt <u>Bild 2.4.3-1</u>.

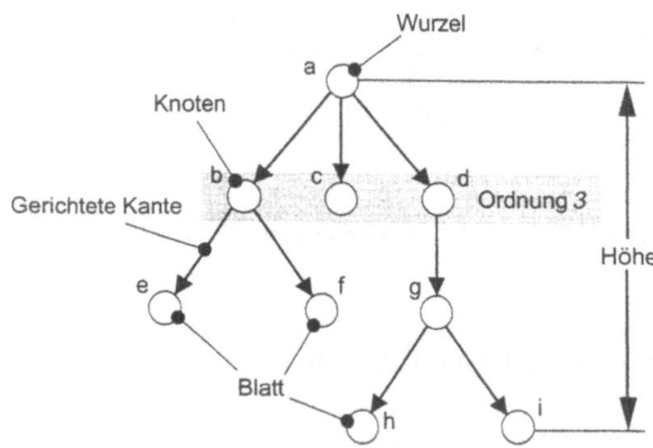

<u>Bild 2.4.3-1</u>:   Baumstruktur der Höhe *4* und Ordnung *3*.

Die Gesamtheit der von einem Knoten aus erreichbaren Knoten wird *Teilbaum* der Baumstruktur genannt. Teilbäume sind wiederum abgeschlossene Baumstrukturen. Aufgrund der Zyklenfreiheit der Baumstrukturen bestehen zwischen den Knoten verschiedener Teilbäume einer Baumstruktur niemals Kanten [29].

3 Ermittlung der Eigenschaften und Auswirkungen von Störungen bei Transferstraßen

Die Erstellung eines leistungsfähigen Diagnosesystems setzt die genaue Kenntnis der Eigenschaften und Auswirkungen der Störungen voraus. Hierzu existieren in der Literatur stark divergierende Aussagen. In vielen Fällen besteht sogar ein Widerspruch zu den 'vor Ort' offensichtlichen Gegebenheiten.

Im Rahmen dieser Arbeit wurden daher die Eigenschaften und Auswirkungen der Störungen bei Transferstraßen in der Praxis analysiert. Hierzu wurde sowohl auf von der Leittechnik erfaßte Daten der Transferstraßen als auch auf die Daten der in den Transferstraßen eingesetzten Überwachungssysteme zurückgegriffen. Die erarbeiteten Ergebnisse werden im folgenden vorgestellt.

Ziel der Analyse war es, eine Ausgangsbasis für die nachfolgende Konzeption eines Diagnosesystems für Transferstraßen zu legen.

3.1 Eigenschaften von Störungen an Transferstraßen

3.1.1 Ursachen von Störungen bei Transferstraßen

Störungen an Transferstraßen können entsprechend ihrer Ursachen gegeneinander abgegrenzt werden. Über die Häufigkeit dieser Störungen existieren eine Vielzahl abweichender Angaben [8,9,30,31,32,33,34,35]. Zur Erzielung belastbarer Aussagen wurden daher im Rahmen dieser Arbeit umfangreiche Daten von Störungen an Transferstraßen der Kurbelgehäuse- und Zylinderkopffertigung von 4- und 8-Zylindermotoren erfaßt und ausgewertet. Das Ergebnis der Datenerhebung zeigt Tabelle 3.1.1-1.

Die Ergebnisse lassen erkennen, daß der weitaus größte Teil der in Transferstraßen auftretenden Ursachen von Störungen auf Komponentenebene im Bereich der Sensorik zu finden ist oder sich - wie z.B. Störungen als Folge von Hindernissen - auf die in unmittelbarer Prozeßnähe angeordnete Sensorik auswirken. Die Ursachen der Störungen sind weit häufiger im Bereich der Mechanik als im Bereich der Elektrik zu finden.

Ursache der Störungen	Beispiele für Störungen	Häufigkeit der Störungen
Störungen durch Steuerungs-elektronik	Ausfall, Fehler bei Ausführung des Programms, Programmverlust	(0 ... 1)%
Störungen durch Werkstück-rohling oder -vorbearbeitung	Spannfehler, Werkzeugbruch, fehlende Maßhaltigkeit	(0... 5)%
Störungen durch das Betriebs- und Wartungspersonal	Fehler bei Eingabe von Daten, Fehlbedienung	(1... 5)%
Störungen durch äußere Einflüsse	Störung der zentralen Strom-versorgung	(1... 5)%
Störungen durch mechanische Komponenten	Risse, Brüche, Lecks	(1... 5)%
Störungen durch Aktoren	Lagerschäden, Kraft- oder Momen-tenfehler, Alterungsfehler	(5 ... 10)%
Störungen durch Werkzeuge	Verschleiß, Bruch	(5 ... 10)%
Störungen durch Sensorik	Skalierungsfehler, Drift, Hysterese, Kurzschlüsse, Kontaktfehler	(10 ... 20)%
Störungen durch Hindernisse	Spannfehler, Abflußverstopfungen, Kollision mit Fremdgegenständen	(50 ... 75)%

Tabelle 3.1.1-1: Störungen und deren Häufigkeit bei Fertigungslinien aus Transferstra-ßen. Grau dargestellt sind Störungen, deren Ursachen auf Fehlfunktio-nen der natürlichen Objekte der Transferstraßen zurückgeführt werden können.

3.1.2   Teilzeiten der Störungsdauer bei Transferstraßen

Eine im Rahmen der Datenerhebung vorgenommene Untersuchung der in der betriebli-chen Praxis anzutreffenden Vorgehensweisen bei der Störungsbehebung zeigt, daß der weitaus größte Teil auftretender Störungen auf schnell vom Betriebspersonal zu behe-bende Ursachen zurückgeführt werden kann. Die mittlere Dauer des Maschinenstill-stands beträgt entsprechend zwischen 4,0 und 10,5 Minuten. Ein Ergebnis der hierzu durchgeführten Datenerhebung zeigt Bild 3.1.2-1. Gegenübergestellt ist die mittlere Zeit zwischen der Störungserkennung und dem Beginn der Störungsbehebung durch das

Betriebspersonal der mittleren Dauer der Störungsbehebung für acht repräsentativ ausgewählte Transferstraßen in der Zylinderkopffertigung.

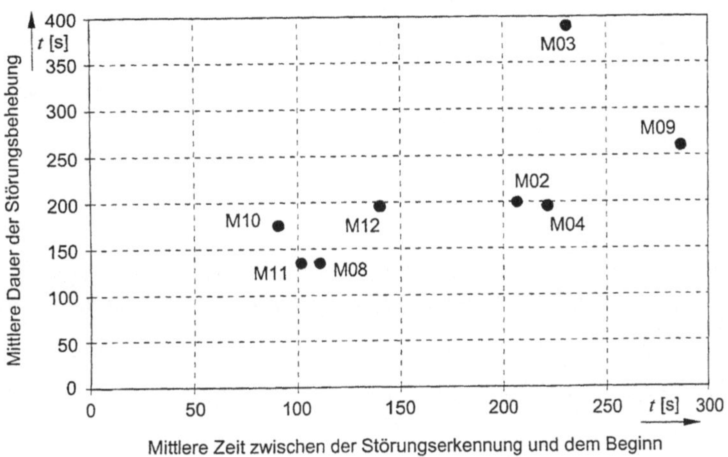

Bild 3.1.2-1: Anteil zweier Teilzeiten an der Störungsdauer bei acht Transferstraßen
               (M02, M03, M04, M08, ..., M12) in der Zylinderkopffertigung (Ana-
               lysezeitraum: 30 Tage).

Kann die Störung durch das Betriebspersonal nicht innerhalb weniger Minuten behoben
werden, wird hochqualifiziertes Wartungspersonal zur Störungsbehebung hinzugezogen.
Die Störungsdauer steigt bei solchen Störungen auf bis zu mehreren Stunden an.

Aufbauend auf die im Bild 3.1.2-1 dargestellten Ergebnisse wurden die Anteile der Teilzeiten an der Störungsdauer detailliert erfaßt. Die dabei gewonnenen Ergebnisse zeigt
Bild 3.1.2-2.

Als entscheidende Einflußgrößen auf die Störungsdauer erweist sich die Zeit bis zum
Eintreffen des Betriebspersonals an der gestörten Bearbeitungseinheit sowie die Dauer
der Störungslokalisierung und der Instandsetzungszeit. Die Störungswirk- und Störungs-
meldezeit, die Zeit für die Störungseingrenzung sowie die Zeit zum Wiederanlauf der
Transferstraße betragen bei Transferstraßen im Mittel unter 20 Prozent der
Störungsdauer.

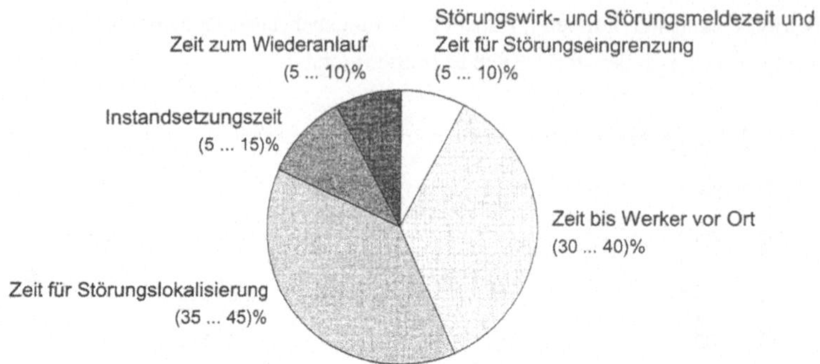

Bild 3.1.2-2: Anteil der Teilzeiten an der Störungsdauer bei Transferstraßen der Kurbelgehäuse- und Zylinderkopffertigung (Analysezeitraum: 30 Tage).

3.1.3 Zwischenereigniszeit und Ausfallabstand bei Transferstraßen

Die geringe Dauer der Störungsbehebung kann auf umfangreiches Wissen des Betriebspersonals zur Störungsbehebung zurückgeführt werden. Die Verfügbarkeit geeigneten Wissens beim Betriebspersonal weist auf das wiederholte Auftreten weniger Störungen hin. Das Ergebnis einer zur Prüfung dieser Hypothese durchgeführten Datenerhebung zeigt Bild 3.1.3-1. Dargestellt ist das bei der Datenerhebung in einem Zeitraum von sechs Monaten ermittelte Verhältnis von erstmals zu wiederholt vorgekommenen Störungen am Beispiel von fünf repräsentativ ausgewählten Transferstraßen. Der bei der Datenerhebung aufgetretene mittlere Ausfallabstand bei Transferstraßen beträgt zwischen 20 Minuten und 2 Stunden.

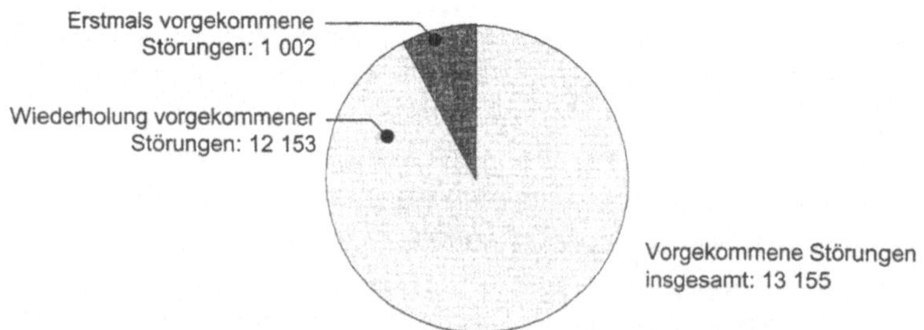

Bild 3.1.3-1: Erstmals und wiederholt vorgekommene Störungen bei fünf Transferstraßen in der Zylinderkopffertigung (Analysezeitraum: 6 Monate).

- 29 -

Mit zunehmender Dauer der Datenerhebung nimmt der Anteil erstmals aufgetretener Störungen stetig ab. Die Anzahl neuer Störungen steigt somit nicht linear mit der Zeit an sondern strebt einer Sättigung zu. Ergänzend erhobene Daten ergeben darüber hinaus, daß während der gesamten Betriebsdauer von mehreren Jahren nur wenige hundert verschiedene Störungen je Transferstraße auftreten. Bild 3.1.3-2 untermauert diese Aussage. Dargestellt ist die Summe erstmals vorgekommener Störungen als Funktion der Zeit, beginnend ab dem Startzeitpunkt der Datenerhebung.

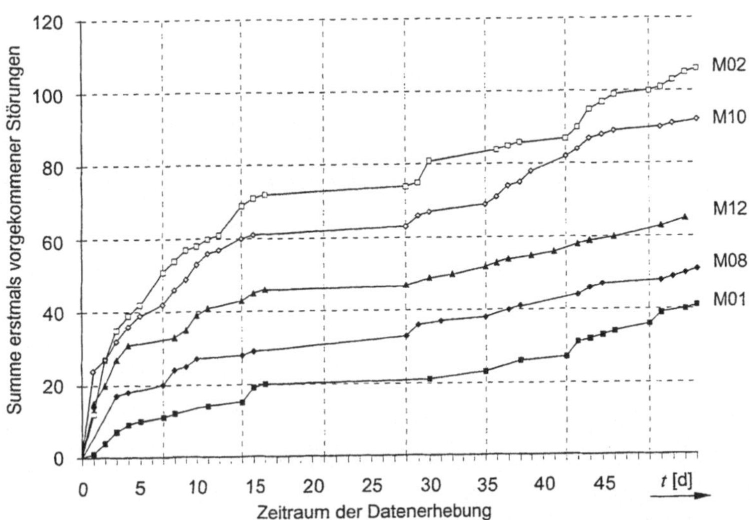

Bild 3.1.3-2: Zeitliche Entwicklung der Summe erstmals vorgekommener Störungen bei fünf Transferstraßen (M01, M02, M08, M10, M12) in der Zylinderkopffertigung.

Die hohe Anzahl vorkommender Störungen und die zugleich geringe Anzahl verschiedener vorkommender Störungen weisen sowohl auf einen geringen Ausfallabstand als auch auf eine geringe Zwischenereigniszeit der Störungen bei Transferstraßen hin. Das Ergebnis einer zur Prüfung dieser Hypothese durchgeführten Datenerhebung zeigt Bild 3.1.3-3. Dargestellt ist das gewonnene Histrogramm der Zwischenereigniszeit von Störungen bei Transferstraßen. Die Intervallgrenzen sind in Anhang A-1 zusammengestellt. Eine weitergehende Auswertung der Zwischenereigniszeiten für die einzelnen Störungen weist zwei charakteristische Maxima im Bereich von Zwischenereigniszeiten zwischen 20 und 500 Sekunden sowie zwischen 5 Stunden und 2 Tagen auf.

Eine zur Erklärung der in <u>Bild 3.1.3-3</u> dargestellten Ergebnisse vorgenommene Analyse ergab, daß nicht zutreffende Störungsbehebungen die Ursachen der zu Tage getretenen kurzfristigen Wiederholungen von Störungen sind. Die Wiederholung von Störungen im Bereich von Stunden oder Tagen kann auf Störungen an der Bearbeitungseinheit zurückgeführt werden, deren Eintritt nur durch konstruktive Maßnahmen verhindert werden kann.

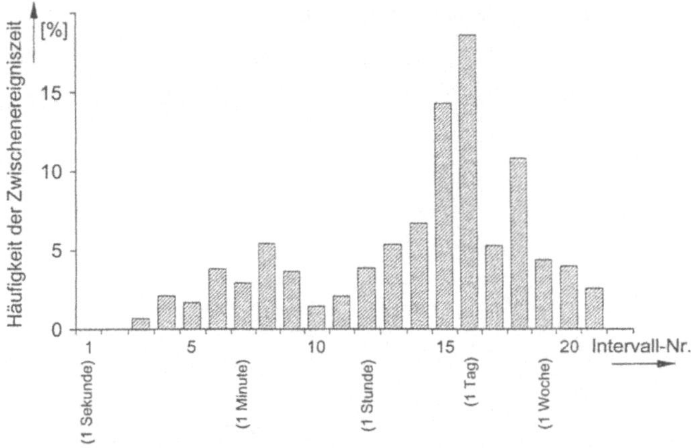

<u>Bild 3.1.3-3</u>:   Histogramm der Zwischenereigniszeit von Störungen bei acht Transferstraßen in der Zylinderkopffertigung (Analysezeitraum: 30 Tage).

3.2   Auswirkungen von Störungen an Transferstraßen

Bei den in der Großserienfertigung eingesetzten Fertigungslinien aus Transferstraßen führen Störungen an Transferstraßen infolge der heute anzutreffenden starren Verkettung stets zu Störungen der Werkstückver- und -entsorgung benachbarter Transferstraßen und können deren Betrieb zeitweise unmöglich machen. Die aufsummierten Stillstandsdauern der benachbarten Transferstraßen übersteigen dabei die Störungsdauer der gestörten Transferstraße oft um ein Vielfaches.

Durch günstige Aufteilung der Bearbeitungsoperationen wird heute eine Taktzeit von unter 30 Sekunden erreicht. Dementsprechend führt bereits eine Störung einer Transferstraße von nur wenigen Minuten Dauer zu logistischen Stillständen benachbarter Transferstraßen. <u>Bild 3.2-1</u> verdeutlicht die Zusammenhänge am Beispiel einer Störung der

Dauer von 12 Maschinentakten (MT). Der Darstellung zugrunde gelegt sind zur Hälfte gefüllte Werkstückpuffer einer Kapazität von sechs Werkstücken.

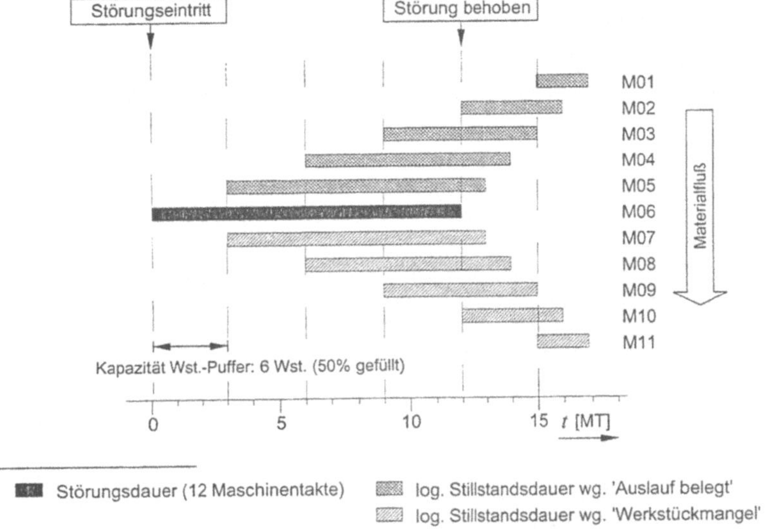

<u>Bild 3.2-1</u>: Auswirkungen einer Störungen bei einer Fertigungslinie aus Transferstraßen.

Die in <u>Bild 3.2-1</u> dargestellten logistischen Stillstände von Transferstraßen als Folge einer Störung werden von der Pufferkapazität und dem im Moment des Störungseintritts herrschenden Füllstand der Werkstückpuffer bestimmt. Die zugrunde gelegte Befüllung der Werkstückpuffer zur Hälfte stellt hierbei den für den Betrieb der Fertigungslinie bestmöglichen Fall dar, falls - wie in der Praxis stets gegeben - die von der Störung betroffene Transferstraße nicht im Vorfeld bekannt ist.

Aufgrund geringfügiger Unterschiede der Taktzeit der Transferstraßen ist eine Befüllung der Werkstückpuffer zur Hälfte in der Praxis jedoch stets nur durch den korrigierenden Eingriff des Betriebs- und Wartungspersonals unter Inkaufnahme geringerer Ausbringung der Fertigungslinie erreichbar. Auch eine Vervielfachung der Kapazität der Werkstückpuffer führt daher aufgrund der unvermeidbaren Unterschiede der Taktzeit der Transferstraßen in der Praxis zu keiner merklichen Verbesserung des Verhältnisses von Störungsdauer zu logistischer Stillstandsdauer der Transferstraßen.

<u>Bild 3.2-2</u> zeigt beispielhaft die in der Praxis anzutreffenden Anteile von Störungsdauer und logistischer Stillstandsdauer an der Produktionszeit für 26 Transferstraßen zweier Fertigungslinien der Kurbelgehäuse- und Zylinderkopffertigung.

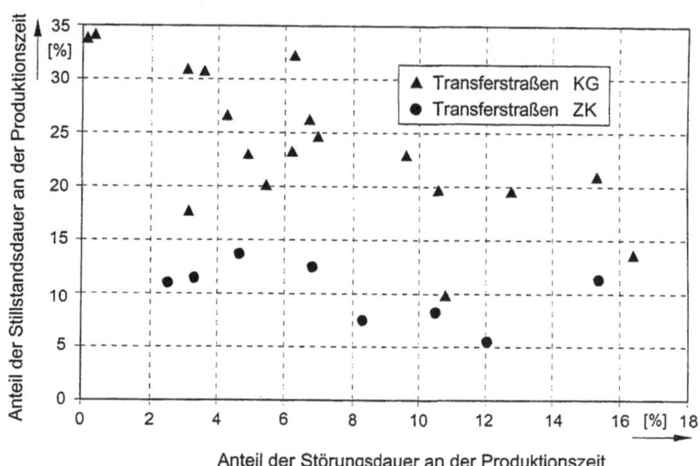

<u>Bild 3.2-2:</u> Anteil der Störungs- und Stillstandsdauer an der Produktionszeit bei 26 Transferstraßen zweier Fertigungslinien der Kurbelgehäusefertigung (KG) und Zylinderkopffertigung (ZK) [1] (Analysezeitraum: 6 Monate).

Die hohen logistischen Stillstandszeiten als Folge von Störungen benachbarter Transferstraßen reduzieren den k-Faktor, ohne sich in der technischen Verfügbarkeit niederzuschlagen. Hieraus folgt das in den Unternehmen zu beobachtende Absinken des k-Faktors selbst bei hoher technischer Verfügbarkeit der Transferstraßen. Ein entsprechendes, der Praxis entnommenes Ergebnis zeigt <u>Bild 3.2-3</u>. Beispielhaft dargestellt ist die technische Verfügbarkeit und der k-Faktor von acht starr verketteten Transferstraßen

---

[1] Die auffällige Abweichung des Anteils der Stillstandsdauer zwischen den Transferstraßen der Kurbelgehäuse- und Zylinderkopffertigung konnte im Rahmen der in dieser Arbeit durchgeführten Analyse auf das unterschiedliche Gewicht der Werkstücke zurückgeführt werden: Da aufgrund des Gewichts der Kurbelgehäuse manuelle Eingriffe bei der Kurbelgehäusefertigung im Gegensatz zur Zylinderkopffertigung nur unter Verwendung langsamer Hebezeuge möglich sind, ist das in der Praxis übliche manuelle Auf- und Abpuffern von Werkstücken zum Zweck der Begrenzung der Auswirkungen einer Störung bei den Transferstraßen der Kurbelgehäusefertigung erschwert. Entsprechend der geringen Möglichkeit des manuellen Eingriffs besteht für das Betriebs- und Wartungspersonal in der Kurbelgehäusefertigung keine Möglichkeit, die Auswirkungen von Störungen zu reduzieren.

einer Fertigungslinie. Aufgrund der starren Verkettung der Transferstraßen wirken sich die erkennbaren Unterschiede deren technischer Verfügbarkeit nur vernachlässigbar auf den k-Faktor der Transferstraßen aus.

Vor dem Hintergrund dieser Ergebnisse erweist sich die in der Vergangenheit zu findende Aussage, Ursache des geringen k-Faktors seien organisatorische Probleme, die zu einer mangelhaften Werkstückversorgung führen, bei Fertigungslinien aus Transferstraßen in der Großserienfertigung als nicht haltbar. Vielmehr führen technische Störungen zu einem Abreißen des Werkstückflusses und bilden die Ursache der in Bild 3.2-3 zu Tage tretenden Differenz zwischen technischer Verfügbarkeit und k-Faktor.

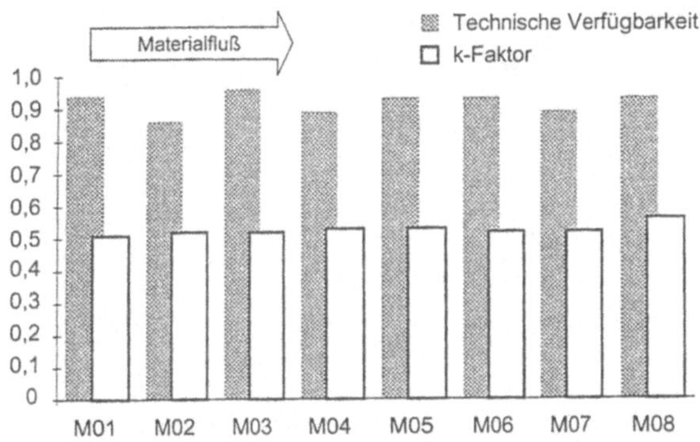

Bild 3.2-3: Technische Verfügbarkeit und k-Faktor starr verketteter Transferstraßen (M01, ..., M08) einer Fertigungslinie (Analysezeitraum: 6 Monate).

Bild 3.2-4 belegt diese Aussagen anhand der Darstellung des Anteils der Differenz der Teilzeiten der Stillstandszeit 'Auslauf belegt' und 'Werkstückmangel' und des Anteils der Störungsdauer an der Produktionszeit. Die dargestellten Pfeile geben die Anordnung der Transferstraßen in Richtung des Materialflusses.

Das in Bild 3.2-4 deutlich erkennbare Übergewicht der Teilzeit 'Auslauf belegt' der ersten Transferstraße der Fertigungslinie (M01) unterstreicht die hohe Zuverlässigkeit der Versorgung der Fertigungslinie mit Werkstückrohlingen. Darüber hinaus ist die sich über mehrere Transferstraßen erstreckende Störung des Materialflusses als Folge des hohen Anteil der Störungsdauer bei den Transferstraßen M02 und M04 deutlich zu erkennen.

Die in der Darstellung erkennbare Auswirkung technischer Störungen über mehrere Transferstraßen hinweg unterstreicht nochmals eindrücklich die Richtigkeit der gegebenen Begründung für die in <u>Bild 3.2-3</u> auffällige Unabhängigkeit des k-Faktors von den verschiedenen technischen Verfügbarkeiten der einzelnen Transferstraßen der Fertigungslinie.

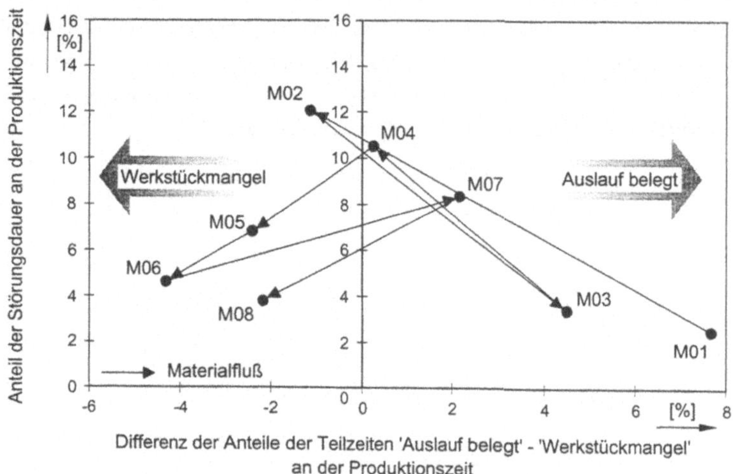

<u>Bild 3.2-4:</u> Anteile der Differenz der Teilzeiten 'Auslauf belegt' und 'Werkstückmangel' sowie des Anteils der Störungsdauer an der Produktionszeit für acht Transferstraßen (M01, ..., M08) einer Fertigungslinie (Analysezeitraum: 30 Tage).

3.3 Analyse und Bewertung der Eigenschaften und Auswirkungen von Störungen bei Transferstraßen

Die durchgeführten Datenerhebungen zeigen, daß bei Transferstraßen nur wenige hundert Störungen aus einer unübersehbar großen Anzahl theoretisch möglicher Störungen in Erscheinung treten. Die Störungen sind durch eine geringe Zwischenereigniszeit gekennzeichnet. Über 95 Prozent der Störungen können ohne eine umfangreiche Reparatur der Transferstraßen durch das Betriebs- und Wartungspersonal innerhalb weniger Minuten behoben werden. Grundlage der raschen Störungsbehebung bildet umfangreiches Wissen des Betriebs- und Wartungspersonals.

Die ermittelten Anteile der Teilzeiten der Störungsbehebung machen deutlich, daß im Gegensatz zur Diagnosemeldung, deren unterstützende Wirkung auf die Störungsbehebung begrenzt ist, die Störungsvermeidung aufgrund des hohen Anteils der Zeit, bis das Betriebs- und Wartungspersonal die gestörte Bearbeitungseinheit erreicht hat, ein weitaus größeres Potential zur Steigerung der Produktionsleistung der Transferstraßen bietet. Tabelle 3.3-1 faßt die aus den in Bild 3.1.2-2 gegebenen Anteilen der Teilzeiten an der Störungsdauer bei Transferstraßen abgeleitete erreichbare Reduzierung der Störungsdauer *je Störungseintritt* zusammen.

Maßnahme	Maßnahme wirkt auf	Erreichbare Reduzierung der Störungsdauer je Störungseintritt
Störungsvermeidung	Maschine	100%
Überwachung	Störung	(0 ... 10)%
Störungsbehebung	Störungsfolge	(40 ... 60)%

Tabelle 3.3-1: Erreichbare Reduzierung der Störungsdauer je Störungseintritt durch Störungsvermeidung, Überwachung und Störungsbehebung bei Transferstraßen.

Die ermittelten Eigenschaften und Auswirkungen von Störungen bei Transferstraßen machen die Konzeption und Umsetzung eines wissensbasierten Diagnosesystems erforderlich. Im Mittelpunkt der Anforderungen bei der Konzeption stehen Methoden zur Erfassung und Handhabung von Wissen, das eine schnelle Störungsbehebung ermöglicht und zur Ableitung geeigneter Maßnahmen zur Störungsvermeidung genutzt werden kann.

In Anbetracht des hohen Anteils der Dauer der Störungslokalisierung an der Störungsdauer kommt der präzisen Eingrenzung der Störungsursache bei der Störungsbehebung fundamentale Bedeutung zu. Hierzu sind Verfahren zur Gewinnung aussagefähiger Symptome zu notwendig.

Entsprechend der dargestellten hohen Bedeutung des Betriebs- und Wartungspersonals 'vor Ort' für die schnelle Störungsbehebung sind zudem die Aufgaben und Verantwortlichkeiten des Betriebs- und Wartungspersonals bei der Störungsbehebung und -vermeidung zu beleuchten und bei der Konzeption des Diagnosesystems zu beachten.

4 Stand der Technik

Eine kostengünstige Fertigung erscheint heute allein durch technische Verbesserungen und aufwendige Diagnosesysteme nicht erreichbar. Vielmehr bleibt die Störungsbehebung und -vermeidung auch bei zukünftigen Transferstraßen eine der wesentlichen Aufgaben des Menschen, bei der Diagnosesysteme nur unterstützend wirken können [31,39].

Die Realisierung eines geeigneten Diagnosesystems setzt vor diesem Hintergrund zunächst eine Analyse und Bewertung der heute verfügbaren Steuerungs-, Überwachungs- und Diagnosesysteme voraus. Aufgrund der Bedeutung des Betriebs- und Wartungspersonals für die Störungsbehebung sind dessen Aufgaben und Verantwortlichkeiten zu berücksichtigen.

4.1 Aufgaben und Verantwortlichkeiten des Betriebs- und Wartungspersonals in der Großserienfertigung

Trotz der stetigen Weiterentwicklung im Maschinenbau, der Elektro- und Automatisierungstechnik können nicht alle Störungen in Transferstraßen verhindert oder automatisch behoben werden [40]. Konstruktionsbedingt gegen Störungen unempfindliche Transferstraßen (z.B. durch Verwendung robuster Komponenten und verbesserter Werkzeuge) in Kombination mit qualifiziertem Personal bilden heute einen erfolgversprechenden Ansatz zur Reduktion von Stillstandsdauer und störungsbedingten Stillstandszeiten [8,41,42,43].

Gemäß dieses Ansatzes werden bereits heute 96% der Störungen an Transferstraßen vom Betriebspersonal behoben [44]. In nur 4% aller Störungen wird speziell auf einzelne Transferstraßen geschultes Wartungspersonal herangezogen. Entsprechend der Bedeutung des Betriebs- und Wartungspersonals für die Störungsbehebung versuchen die Unternehmen mehr und mehr, durch sinnvolle Aufgabenteilung zwischen Personal und Informationstechnik die hohe Qualifikation des Betriebs- und Wartungspersonals effizient zu nutzen [45,46]. Begleitet werden diese Bestrebungen durch die Einführung dezentraler Organisationsformen und die verstärkte Verlagerung von Aufgaben und Verantwortung in die wertschöpfenden Bereiche. Das Betriebs- und Wartungspersonal 'vor Ort' erhält erweiterte Handlungsspielräume und Entscheidungskompetenz und übernimmt Mitverantwortung für den störungsfreien Produktionsablauf und die konstruktive

Verbesserung der Transferstraßen [47,48,49]. Diese Verlagerung der Entscheidungskompetenz ist nur bei umfassender Versorgung des Personals mit allen notwendigen Informationen möglich. Information 'vor Ort' ist zu einem Produktionsfaktor zur Erschließung wesentlicher Rationalisierungsreserven geworden [50]. Wissenserwerb, -dokumentation und -transfer werden mehr und mehr effektiv organisiert, das Erfahrungswissen des Personals genutzt und der Erfahrungsaustausch unterstützt [31].

Diese Entwicklung ist mit einer Neugestaltung der Diagnosesysteme verbunden. Entsprechend der notwendigen Verfügbarkeit zur Diagnose geeigneter Symptome nimmt hierbei die Steuerungstechnik als Mittler zwischen Bearbeitungseinheit und Diagnosesystem eine Schlüsselstellung für die Erstellung aussagefähiger Diagnosemeldungen ein.

4.2   Steuerungstechnik bei Transferstraßen

Der Steuerung von Transferstraßen liegt ein dezentrales Steuerungskonzept auf der Basis speicherprogrammierbarer Steuerungen (SPS) und prozeßgeführter Ablaufsteuerung zugrunde. Hierbei ist jeder Bearbeitungseinheit eine eigene Einheitensteuerung zugeordnet. Zur Ein- und Ausgabe von Daten finden in die Steuerungen integrierte Eingabefelder Verwendung. Bild 4.2-1 zeigt die Anordnung von Bearbeitungseinheiten, Steuerungen und Eingabefeldern einer Transferstraße.

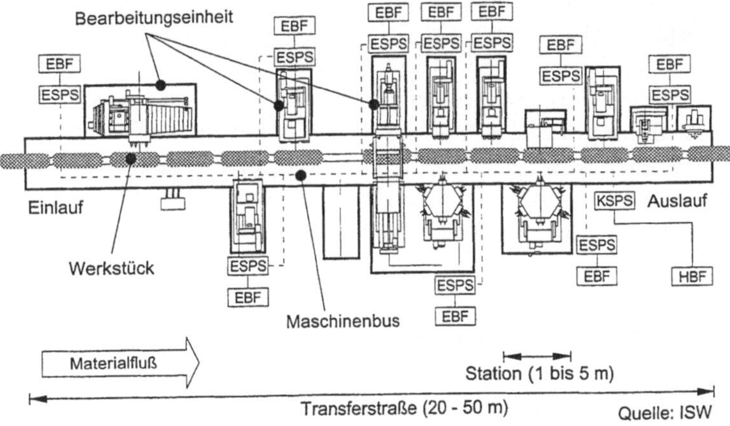

Bild 4.2-1: Transferstraße mit Anordnung der Einheiten- und Kopfsteuerungen (ESPS, KSPS) und Einheits- und Hauptbenutzungsfelder (EBF, HBF).

Die Steuerung und Überwachung der Transferstraße und des Produktionsprozesses erfolgen durch die Verknüpfung der Ein- und Ausgänge der Steuerung. Sie sind die einzige Wahrnehmungs- und Aktionsschnittstelle zwischen der Bearbeitungseinheit und dem Produktionsprozeß einerseits und der Steuerung andererseits. Im Gegensatz zu den Zustandsgrößen des vollständigen Zustandsraums unterliegen die Ein- und Ausgänge einer im Vergleich zu der im Millisekundenbereich angesiedelten Zykluszeit der Steuerungen geringen zeitlichen Dynamik im Sekundenbereich.

4.3 Überwachungs- und Diagnosesysteme bei Transferstraßen

4.3.1 Methoden der Störungserkennung

Gemäß des dezentralen Steuerungskonzepts erfolgen Überwachung und Diagnose lokal an den Bearbeitungseinheiten. Hierzu kommen ausschließlich automatische Überwachungssysteme auf der Grundlage von in den Ablaufprogrammen der Steuerungen abgelegten Verfahren mittels Plausibilitätsprüfung der aus den Bearbeitungseinheiten zurückgeführten Signale zum Einsatz. Auf eine Störungserkennung mittels direkter Auswertung von Signalzuständen wird aufgrund des unvertretbar hohen Bedarfs an Sensorik und der damit verbundenen Investkosten sowie wegen der mit zunehmender Sensorik abnehmenden Gesamtzuverlässigkeit der Überwachungssysteme bei Transferstraßen verzichtet [2,9,35,51].

Als Folge dieser Vorgehensweise können Abweichungen vom Produktionsprozeß erst nach einer Überschreitung der für jeden Schritt des Ablaufprogramms festgelegten Zeit erkannt werden. Aus der hieraus folgenden Unkenntnis der Störungswirkzeit resultieren bei den vorzufindenden Diagnosesystemen nur unzureichend berücksichtigte Einschränkungen im Hinblick auf die Zuverlässigkeit der nachfolgenden Störungseingrenzung.

4.3.2 Methoden der Störungseingrenzung

Zur Störungseingrenzung durch Diagnosesysteme stehen verschiedene Methoden zur Verfügung. Sie werden nach den für ihre Anwendbarkeit notwendigen Voraussetzungen unterschieden.

Kombinatorische Methode: Grundlage der Störungseingrenzung durch Kombinatorik ist das Prinzip der Eingrenzung der potentiellen Störungsursachen bis auf eine oder wenige mögliche Ursachen durch logische Verknüpfung erfaßter Signale. Neben der Verfügbarkeit einer Vielzahl geeigneter Signale setzt die kombinatorische Methode die Verfügbarkeit eines vollständigen funktionalen und physischen Modells der Transferstraße voraus, mit dessen Hilfe die Verknüpfungen überprüft werden können [26,52]. Die Verfügbarkeit eines vollständigen Modells ermöglicht bei der kombinatorischen Methode die Diagnose erstmals aufgetretener Störungen.

Analytische Methode: Die analytische Methode fußt auf dem Grundgedanken der Störungseingrenzung durch schrittweise Eingrenzung des Störungsorts. Die Störungseingrenzung erfolgt durch fortgesetzte Störungserkennung in einem immer weiter eingegrenzten Bereich, bis schließlich keine weitere Eingrenzung mehr möglich ist. Die analytische Methode ermöglicht die Störungseingrenzung auch bei erstmals aufgetretenen Störungen. Sie kann sowohl in ebenen als auch in hierarchischen Strukturen angewendet werden. Wie auch die Störungseingrenzung durch Kombinatorik setzt die analytische Methode ein vollständiges Modell der Transferstraße voraus.

Phänomenologische Methode: Die phänomenologische Methode beruht auf der Nutzung von Erfahrung, empirisch ermittelten Zusammenhängen sowie Versuch und Irrtum. Grundlage der phänomenologischen Methode zur Störungseingrenzung sind bekannte Fehlerbeschreibungen (Symptom-Ursache-Maßnahme-Verknüpfungen). Zur Störungseingrenzung werden diese Verknüpfungen zwischen Symptomen und den Ursachen der Störung bei bekanntem Symptom zum Rückschluß auf mögliche Ursachen verwendet.

Hauptvorteil der phänomenologischen Methode ist die Möglichkeit, direkt von Symptomen auf tiefliegende Ursachen zu schließen, ohne daß die kausalen Zusammenhänge bekannt sein müssen. Bereits bei wenigen bekannten Fehlerbeschreibungen ist so in vielen Fällen eine erfolgreiche Störungseingrenzung möglich. Die phänomenologische Methode benötigt kein vollständig bestimmtes Problem und kommt daher ohne aufwendige Modelle oder kombinatorische Zusammenhänge aus.

Die Anwendbarkeit der jeweiligen Methode wird von der Möglichkeit der Erfassung des zugrundeliegenden Modells oder der Fehlerbeschreibungen sowie des notwendigen Erfassungs- und Modellierungsaufwands bestimmt. Tabelle 4.3.2-1 stellt diese Einflußfaktoren für die Methoden der Störungseingrenzung bei Transferstraßen gegenüber.

	Physisches Modell	Funktionales Modell	Fehler-beschreibungen
Erfaßbarkeit	◕	◑	◕
Erfassungsaufwand	○	○	◑
Modellierungsaufwand	◑	○	◕

◕ gut   ◑ mittel   ○ schlecht

Tabelle 4.3.2-1: Einflußfaktoren Erfaßbarkeit, Erfassungsaufwand und Modellierungsaufwand der Methoden zur Störungseingrenzung bei Transferstraßen.

Entsprechend der dargestellten Einflußfaktoren ist die Anwendung der kombinatorischen und analytischen Methode in der Praxis mit hohen Kosten verbunden [2,53]. Für
die Diagnose bei Transferstraßen wird daher heute auf Fehlerbeschreibungen
zurückgegriffen.

4.3.3 Fehlerbeschreibungen

Fehlerbeschreibungen sind Verknüpfungen von Symptomen und deren möglichen Ursachen. Sie sind die meistgenutzte Grundlage einer schnellen Ursachenfindung durch das
Betriebs- und Wartungspersonal oder der Aussage, welche Symptome bei vorgegebenen
Ursachen zu erwarten sind. Im Gegensatz zur analytischen oder kombinatorischen Methode, deren Modellierung bereits bei der Konstruktion der Transferstraßen möglich ist,
können Fehlerbeschreibungen erst im Betrieb der Transferstraßen erfaßt werden. Einen
Überblick über die möglichen Kombinationen aus Fehlerbeschreibung, Verkettungsrichtung und Schlußfolgerungsrichtung gibt Tabelle 4.3.3-1.

	Fehlerbeschreibung	
Verkettungsrichtung	auswirkungsorientiert	ursachenorientiert
vorwärts	Symptom → Ursache	Ursache → Symptom
rückwärts	Ursache → Symptom	Symptom → Ursache
	Schlußfolgerungsrichtung	

Tabelle 4.3.3-1: Zusammenhang zwischen Fehlerbeschreibung, Verkettungsrichtung
und Schlußfolgerungsrichtung.

Aufgrund der erreichbaren stark vereinfachten Abbildbarkeit der Verknüpfungen in den Steuerungen in Form von planaren, zyklenfreien Graphen erfolgt bei der phänomenologischen Methode eine Beschränkung auf nur eine Verkettungsrichtung. Die zur Störungseingrenzung angenommene Verknüpfung lautet:

Wenn das Symptom S ist, dann ist möglicherweise U die Ursache.

Gleiches wie für die Verknüpfung zwischen Symptom und Ursache wird auch für die Verknüpfung zwischen Ursache und Maßnahme impliziert. Sie lautet:

Wenn die Ursache U ist, dann ist möglicherweise M die geeignete Maßnahme.

Hierbei wird unter Maßnahme ein Maßnahmenvorschlag verstanden, der vom Betriebs- und Wartungspersonal während der Reaktion bewertet wird und als Ausgangspunkt der Instandsetzung der gestörten Bearbeitungseinheit dient.

Die Kombination dieser Verknüpfungen erlaubt den notwendigen Rückschluß von den mittels des Überwachungssystems detektierten Symptomen auf die Störungsursache und die geeignete Maßnahme als Grundlage der Reaktion durch das Betriebs- und Wartungspersonal. Die hierbei zugrundeliegende idealisierte Verknüpfung zeigt <u>Bild 4.3.3-1</u>.

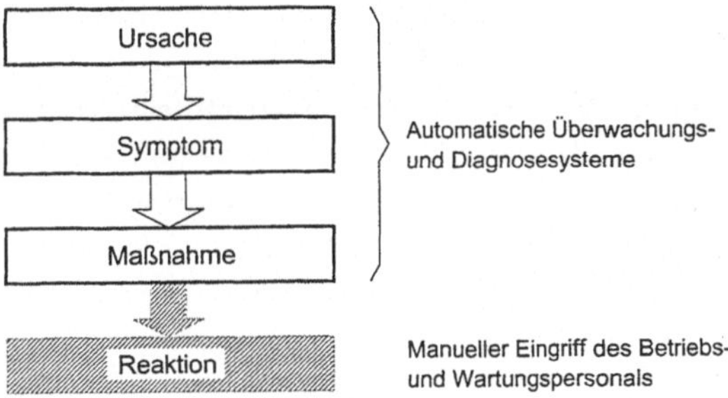

<u>Bild 4.3.3.-1</u>: Idealisierte Verknüpfung von Ursache und Reaktion.

Die in <u>Bild 4.3.3-1</u> dargestellten Verknüpfungen repräsentieren ein idealisiertes Abbild der Wirklichkeit. Der für die Praxis relevante Grund hierfür liegt in der beschränkten Sensorik begründet: Aus Sicht der Steuerung ist prinzipiell nur ein verschwindend geringer Teil des Zustands der Bearbeitungseinheit mit Hilfe der verfügbaren Sensorik und Aktorik erfaßbar [41,54,55,56]. Die nicht mittels der Ein- und Ausgänge der Steuerung zugänglichen Zustandsgrößen der Bearbeitungseinheit können prinzipiell nicht für eine Ursachenermittlung herangezogen werden und führen zu möglichen alternativen Ursachen[1].

Daneben bildet die in der prozeßgeführten Ablaufsteuerung begründete prinzipielle Unmöglichkeit, aus der Kenntnis einer detektierten Abweichung vom Produktionsprozeß auf die vergangene Störungswirkzeit zu schließen, den zweiten Grund für die fehlende Eindeutigkeit der Verknüpfung von detektiertem Symptom zu einer Ursache. Die aus diesen Gründen in der Praxis vorkommenden Verknüpfungen zeigt <u>Bild 4.3.3-2</u>.

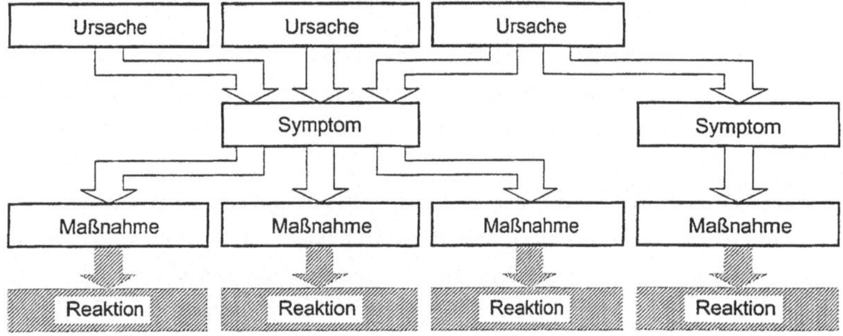

<u>Bild 4.3.3-2:</u> Reale Verknüpfungen von Ursache und Reaktion.

Neben der Annahme der starken Kausalität bildet das Postulat, daß eine eindeutige - wenn auch möglicherweise nicht erfaßbare - Ursache und somit auch eine eindeutige geeignete Reaktion existieren müsse, die fundamentale Grundannahme aller heute verfügbaren Diagnosesysteme. Beobachtungen in der Praxis zeigen jedoch, daß die Entscheidung darüber, was als Ursache einer Störung angesehen wird, vom Wissen zur Störungsbehebung des Betriebs- und Wartungspersonals und der zugrundeliegenden Aufgabenstellung abhängt[2].

---

[1] Das Problem der Erfassung des Zustands eines materiellen Systems ist nicht auf Diagnosesysteme beschränkt. Bereits Mitte des 17. Jahrhunderts erkannte *Descartes*, daß es prinzipiell nicht mittels Sensorik oder Aktorik möglich ist, die Existenz und weniger noch den Zustand eines materiellen Systems zu erfassen.

[2] So ist z.B. für das Betriebspersonal ein auf einer Spannfläche des Werkstücks liegender Span die Ursache einer Störung, während aus Sicht des Wartungspersonals der Druckabfall bei der Kühlschmierstoffversorgung, der zu einem ungenügenden Abtransport der Späne führt, als Ursache der gleichen Störung betrachtet wird.

Die hier zu Tage tretende Abhängigkeit der Ursache von der Aufgabenstellung und dem Wissen zur Störungsbehebung des Betriebs- und Wartungspersonals - und somit auch der bestmöglichen Diagnosemeldung - wird bei den in der Literatur und in der Praxis zu findenden Diagnosesystemen bisher in keiner Weise berücksichtigt.

4.3.4 Wissen zur Störungsbehebung

Diese Wechselwirkung von Diagnosesystem und Wissen des Betriebs- und Wartungspersonals macht eine Ausrichtung der Diagnosesysteme auf dessen Wissen zur Störungsbehebung notwendig. Eine Übersicht über die verschiedenen Formen des Wissens zur Störungsbehebung und dessen Verfügbarkeit bei Maschinenhersteller (MaH), Betriebspersonal (BeP) und Wartungspersonals (WaP) zeigt Tabelle 4.3.4-1.

Wissen zur Störungsbehebung	Beispiele	Verfügbarkeit bei		
		MaH	BeP	WaP
Störungswissen	• Empirische Symptom-Ursache-Verknüpfungen • Störungshäufigkeit	○	●	◐
Diagnosewissen	• Vorgehensweise zur Störungseingrenzung • Diagnosebeurteilung (fehlerhaft, fehlerfrei)	●	◐	●
Prüfwissen	• Prüfmöglichkeit und -aufwand • Aussagekraft von Prüfergebnissen	◐	○	●
Maschinenwissen	• Aufbau und Arbeitsweise der Transferstraßen • Sollzustände und -verhalten	●	◐	◐
Fachwissen	• Wissen über Materialien, Bauteile und Grund- funktionen sowie deren Eigenschaften	●	◐	◐

● gut   ◐ mittel   ○ schlecht

Tabelle 4.3.4-1: Wissen zur Störungsbehebung und dessen Verfügbarkeit bei Maschinenhersteller (MaH), Betriebspersonal (BeP) und Wartungspersonal (WaP).

Entsprechend der in Kapitel 3 dargestellten Charakteristik weniger, sich in kurzer Folge wiederholender, einfach zu behebender Störungen, stützt sich die Störungsbehebung bei Transferstraßen durch das Betriebspersonal überwiegend auf Störungswissen.

Störungswissen ermöglicht den Aufbau von Fehlerbeschreibungen. Es ist an das Betriebs- und Wartungspersonal gebunden und liegt daher personell und zeitlich stark verteilt vor. Wegen der Zuordnung des Wissens zu einzelnen Transferstraßen ist Störungswissen nur in geringem Umfang auf weitere Transferstraßen übertragbar. Die Leistungsfähigkeit[3] auf der phänomenologischen Methode fußender Diagnosesysteme wird stets von dem Detaillierungsgrad und der Zuverlässigkeit des erst während des Betriebs der Transferstraßen erfaßbaren Störungswissens bestimmt. Im Gegensatz zu Störungswissen ist Diagnose-, Prüf-, Maschinen- und Fachwissen für die Erstellung von Fehlerbeschreibungen weder geeignet noch notwendig [36].

Die zur Unterstützung des Betriebs- und Wartungspersonals bei der Störungsbehebung geeignete Strukturierung des Störungswissens ist noch Gegenstand der Forschung [11]. Erfolgreiche Ansätze stützen sich auf Gliederungen nach Fragestellungen und verknüpften Strukturzusammenhängen. Tabelle 4.3.4-2 faßt die wichtigsten Fragestellungen und die zugehörigen Strukturzusammenhänge in der Reihenfolge ihrer Bedeutung zusammen.

Fragestellung	Strukturzusammenhang
Was ?	Ereignis
Wo ?	Ort
Wie ?	Art und Weise
Wann ?	Zeitpunkt

Tabelle 4.3.4-2: Fragestellungen und zugehörige Strukturzusammenhänge [57].

Neben Störungswissen finden auch Diagnose-, Prüf-, Maschinen- und Fachwissen zur Störungsbehebung Verwendung. Die Handhabung solchen Wissens stellt jedoch hohe Anforderungen an wissensbasierte Systeme, die heute zunehmend zur Diagnose Verwendung finden. Der Grund für die Hinwendung zu wissensbasierten Systemen ist im Umfang der zur Diagnose notwendigen Aufgaben zu finden: Während die Aufgaben der Überwachung mit systemtechnischen Methoden bewältigt werden können, wird zur

---

[3] Zur Bestimmung der Leistungsfähigkeit von Diagnosesystemen findet eine Vielzahl von Größen Verwendung. Gemeinsame Grundlage der Vorgehensweisen sind die leicht bestimmbaren Kennwerte *Detaillierungsgrad* (Genauigkeit der Störungseingrenzung) und *Zuverlässigkeit* (Verhältnis der Anzahl in korrekter Weise eingegrenzter Störungen zur Anzahl aufgetretener Störungen) [32].

Unterstützung des Betriebs- und Wartungspersonals bei der Störungsbehebung und -vermeidung bei Transferstraßen ein wissensbasiertes System benötigt [13,30,36,58].

4.4 Wissensbasierte Diagnosesysteme bei Transferstraßen

4.4.1 Eigenschaften wissensbasierter Diagnosesysteme

Entsprechend der allen wissensbasierten Diagnosesystemen gemeinsamen Eigenschaft der Trennung von Wissensdarstellung und Wissensverarbeitung liegt das zur Störungseingrenzung gespeicherte Wissen in der Wissensbasis getrennt von den Algorithmen zur Wissensverarbeitung vor. Vorteile dieser Trennung sind die erreichbare Wiederverwendbarkeit der Algorithmen zur Wissensverarbeitung und die Anpaßbarkeit des Gesamtsystems an verwandte Aufgabenstellungen. Diese Vorteile ermöglichen einen hohen Software-Life-Cycle wissensbasierter Diagnosesysteme [42,59,60].

Als für die Rentabilität wissensbasierter System entscheidend traten in den vergangenen Jahren die Vorgehensweisen zur Erstellung, Wartung und Pflege deren Modelle oder Fehlerbeschreibungen hervor. Hierbei gilt heute die objektorientierte Modellierung als einzig gangbarer Weg zur Erstellung der bei wissensbasierten Systeme verwendeten Modelle.

Grundlage der objektorientierten Modellierung ist die Abbildung aller relevanten Elemente oder Funktionen des zu modellierenden Systems durch *abstrakte* und *abgeschlossene* Objekte und der zwischen den Objekten bestehenden Verbindungen mittels semantischer Netze [15,16,29,61,62].

Die Abstraktion und Abgeschlossenheit der Objekte ermöglicht deren freie Kombinierbarkeit. Die Abstraktion der Objekte ist hierbei gleichbedeutend mit einem Verzicht auf Details. Sie bildet den Schlüssel für Wiederverwendbarkeit und Kompaktheit der gespeicherten Daten und der aus den Objekten gebildeten Strukturen, ist aber auch stets mit einer Unschärfe in der Beschreibung verbunden [62].

Im Gegensatz zu den in der Vergangenheit zu findenden Ansätzen wird das Zulassen einer Unschärfe heute bei der Beschreibung komplexer Systeme als positiv bewertet. Durch sie ist es möglich, die Komplexität eines Systems auf ein für den Menschen handhabbares Maß zu reduzieren. Grundlage dieser Sichtweise sind Arbeiten auf dem Gebiet der Fuzzy-Theorie [63,64], nach denen die Fähigkeit, präzise und zugleich signifikante Aussagen über ein System oder dessen Verhalten zu machen in dem Maß abnehmen, in dem die Komplexität des Systems ansteigt. Präzision und Signifikanz schließen sich ab einem gewissen Komplexitätsgrad gegenseitig aus [63,65]. Aufgrund des großen Erfolgs dieser Sichtweise finden ähnliche Ansätze heute bei der Abbildung der physischen Struktur der Transferstraßen in tiefen wissensbasierten Diagnosesystemen und bei der Konstruktion von Transferstraßen Verwendung [35,37,51,61,66,67,68,69,70].

Entsprechend des Umfangs der bei tiefen wissensbasierten Systemen erforderlichen Modelle gewinnen Verfahren zur automatischen Wartung und Pflege der Wissensbasen durch Methoden des programmbasierten Lernens zunehmend an Bedeutung. Gleiches gilt für flache wissensbasierte Systeme, bei denen die Wartung und Pflege der Fehlerbeschreibungen und Diagnosemeldungen aufgrund deren hohen Anzahl aus Kostengründen nur mittels Adaption und Methoden des programmbasierten Lernens erreicht werden können.

In [16,23,24] wird zwischen verschiedenen Formen des programmbasierten Lernens unterschieden. <u>Tabelle 4.4.1-1</u> stellt die in der Literatur eingeführten Bezeichnungen gegenüber.

Form	Art der Wissensspeicherung
Inkrementelles Lernen	Wissensspeicherung unter Modifizierung der Informationen, bei der die Informationen als neue Fakten für ein erweitertes Problemfeld nutzbar gemacht werden.
Induktives Lernen	Wissensspeicherung, bei der durch Deduktion aus spezifischen Informationen neue Informationen abgeleitet werden.
Wiederholendes Lernen	Wissensspeicherung ohne Ableitung allgemein gültiger Fakten und Regeln.

<u>Tabelle 4.4.1-1:</u> Formen programmbasierten Lernens [16,24,24].

Die in einem wissensbasierten System nutzbare Form des programmbasierten Lernens wird von der Struktur des hinterlegten Wissens bestimmt. Inkrementelles und induktives Lernen stellen hohe Anforderungen an das wissensbasierte System und die Struktur der Wissensbasis und sind auf tiefe wissensbasierte Systeme beschränkt. Wiederholendes

Lernen kann hingegen auch bei flachen Systemen genutzt werden. Das zur Störungseingrenzung genutzte Wissen bestimmt somit neben der Art des wissensbasierten Systems und der Art der Wissensrepräsentation auch die mögliche Methode des programmbasierten Lernens.

4.4.2 Flache wissensbasierte Diagnosesysteme

Die heute im Bereich der Transferstraßen verfügbaren flachen wissensbasierten Diagnosesysteme tragen den in Kapitel 3 dargestellten Eigenschaften und Auswirkungen der Störungen bei Transferstraßen in keiner Weise Rechnung. So finden die in den Wissensbasen der Diagnosesysteme mit hohem Aufwand projektierten Symptom-Ursache-Verknüpfungen und Diagnosemeldungen nahezu keine Verwendung: Lediglich maximal 2 Prozent der je Transferstraße bis zu 20 000 vom Maschinenhersteller hinterlegten Diagnosemeldungen kommen während der gesamten Lebensdauer der Transferstraßen in der Praxis vor. Bild 4.4.2-1 verdeutlicht das ungünstige Verhältnis gespeicherter zu vorkommenden Diagnosemeldungen bei heutigen flachen wissensbasierten Diagnosesystemen bei Transferstraßen.

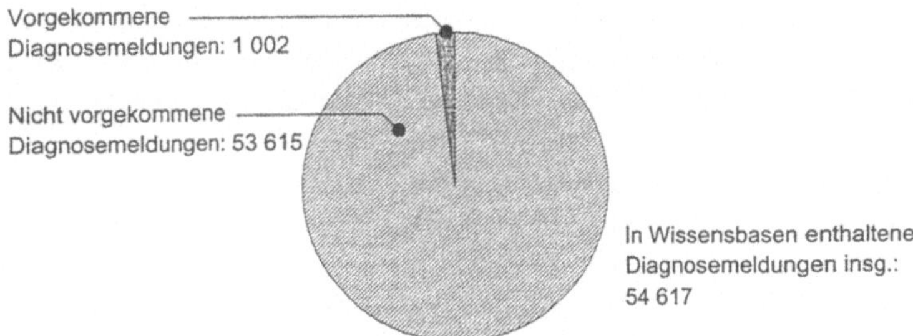

Bild 4.4.2-1: Summe in Wissensbasen flacher wissensbasierter Diagnosesysteme enthaltener Diagnosemeldungen und vorkommende Diagnosemeldungen bei fünf Transferstraßen (Analysezeitraum: 6 Monate).

Für den Einsatz flacher wissensbasierter Systeme in der Praxis erweisen sich darüber hinaus folgende Nachteile und ungeklärte Fragestellungen als bedeutend [41,42,58,71,72,73]:

Die **fehlende Berücksichtigung der Aufgaben und des Wissens** des Betriebs- und Wartungspersonals bedingt nicht auf das Personal ausgerichtete Diagnosemeldungen. Eine manuelle Wartung und Pflege der Wissensbasen durch das Betriebs- und Wartungspersonal ist in der Praxis aus Zeit- und Kostengründen nur selten möglich. In den Fällen, in denen eine manuelle Wartung durchgeführt werden kann, führt das Hinzufügen neuen Wissens zu einer stetigen Zunahme veralteten und fehlerhaften Wissens in der Wissensbasis. Die Folge ist eine stetige Zunahme fehlerhafter Diagnosemeldungen [53,74]. **Methoden programmbasierten Lernens** zur Wartung und Pflege der Wissensbasis, die diesem Problem entgegenwirken können, sind nicht für alle Aufgabenstellungen verwendbar und **stehen für wissensbasierte Diagnosesysteme in der Praxis nicht zur Verfügung.**

Entsprechend dieser Sachlage geben 96 Prozent der im Rahmen einer in [44] dargestellten Befragung des Betriebs- und Wartungspersonals bei Transferstraßen an, keine Diagnosemeldungen verändern zu können. Über 90 Prozent der Befragten berichten von unzutreffenden Diagnosemeldungen. 71 Prozent der Befragten halten den Inhalt der Diagnosemeldungen heutiger flacher Diagnosesysteme für nicht ausreichend [44].

Hohe Komplexität bei der Benutzung führt zu fehlender Akzeptanz flacher wissensbasierter Diagnosesysteme beim Betriebs- und Wartungspersonal und wirkt sich ungünstig auf dessen Bereitschaft zur Nutzung der Systeme und zur Unterstützung bei Wartung und Pflege der Wissensbasen aus [58,42,71]. Auf diese Weise nicht in den betrieblichen Produktionsablauf integrierte Diagnosesysteme erweisen sich als unrentabel [75].

Der **Umfang und die Struktur der Wissensbasis** sowie die **Gestaltung der Schnittstelle** zwischen Betriebs- und Wartungspersonal und Diagnosesystem ist bis heute eine offene Fragestellung beim Einsatz flacher wissensbasierter Systeme in der Praxis [57,76]. Insbesondere die unbeabsichtigte Eingabe fehlerhaften Wissens und die fehlende Eindeutigkeit bei der Wissensbeschreibung stellen Probleme dar. Der möglichen Gegenmaßnahme einer umfassenden Schulung des Personals stehen hohe Schulungskosten gegenüber [42].

4.4.3 Tiefe wissensbasierte Diagnosesysteme

Wissensbasierte Systeme auf der Basis von kombinatorischen oder analytischen Methoden zur Störungseingrenzung sind bei Transferstraßen nur als Prototypen zu finden.

Gründe für diese Beschränkung auf flache Systeme sind in der Vergangenheit zu Tage getretene Nachteile tiefer wissensbasierter Diagnosesysteme [17,38,59]. Grundsätzliche Argumente gegen den Einsatz tiefer wissensbasierter Diagnosesysteme in der Praxis sind [41,42,58,71,72,73]:

Hohe Kosten bei Entwicklung, Wartung und Pflege der Wissensbasis sind heute das Hauptargument gegen den Einsatz tiefer wissensbasierter Systeme in der Praxis.

Vollständigkeit und Fehlerfreiheit der Wissensbasis sind entscheidend für die Zuverlässigkeit der von wissensbasierten Systemen erstellten Diagnosemeldungen. Erstellung, Wartung und Pflege bezüglich Umfang und Struktur aufwendiger Wissensbasen erfordern zuverlässige Verfahren zur Wissensakquisition. Aufgrund der tiefem Wissen innewohnenden Komplexität kann dieses Wissen jedoch bis heute trotz hohem Aufwand nur unzureichend erfaßt und verarbeitet werden [37,38,57,77]. Die Wissensakquisition ist daher nur durch den Wissensingenieur möglich. Dies verursacht neben den Aufwendungen für die erstmalige Wissenserfassung und die Erstellung der Wissensbasis weitere **Kosten für Wartung und Pflege der Wissensbasis** während der gesamten Betriebszeit der Diagnosesysteme [41,75,78]. Diese Aufwendungen übersteigen die Kosten für die Erstellung der Wissensbasis oftmals um ein Vielfaches. Verfahren zur automatischen Erstellung der Wissensbasis, die diesen Nachteilen entgegenwirken können, stehen in der Praxis nicht zur Verfügung [11,73,68].

Unumgängliche langwierige Dialoge zwischen Betriebs- und Wartungspersonal und Diagnosesystem führen bei den bis auf wenige Ausnahmen geringfügigen und oft wiederkehrenden Störungen bei Transferstraßen bis hin zu einer Verdopplung der gegenüber der ohne Diagnosesystem erforderlichen Dauer der Störungsbehebung [75]. Zu den Entwicklungs-, Wartungs- und Pflegekosten tiefer wissensbasierter Diagnosesysteme kommen die hieraus folgenden Kosten hinzu und stellen die Rentabilität der Systeme weiter in Frage.

Hohe Anforderungen an die Rechnerhardware führen zu erheblichen Kosten beim Einsatz tiefer wissensbasierter Diagnosesysteme in der Praxis. Neben dem Bedarf an Rechenleistung und Speicher wirken sich die hohen Anforderungen an Ein- und Ausgabemedien nachteilig auf deren Rentabilität aus. Diese Situation hat sich auch durch den in den letzten Jahren zunehmenden Einsatz von Rechnern aus der Konsumgüterindustrie nicht grundlegend verändert [42]. Einen Überblick über die in den Ebenen des hierarchischen Ebenenmodells [79,80] verfügbaren Rechner gibt Tabelle 4.4.3-1.

Ebene im hierarchischen Ebenenmodell	Verfügbare Rechner	Applikationen
Fabriksteuerung	Workstation, PC	Leittechniksysteme
Planungsebene		
Leitebene		
Zellenebene	PC	**Wissensbasierte Diagnosesysteme**
Maschinensteuerungsebene	PC, SPS, CNC, RC	
Einzelfunktionen	SPS	———
Prozeßebene	———	———

<u>Tabelle 4.4.3-1</u>: Verfügbare Rechner und Einordnung wissensbasierter Diagnosesysteme in die Ebenen des hierarchischen Ebenenmodells [79,80].

Die heute in Maschinensteuerungs- und Zellenebene verfügbaren Rechner schließen die Möglichkeit des kostenneutralen Einsatzes der sehr speicher- und rechenintensiven tiefen wissensbasierten Diagnosesysteme bei Transferstraßen heute noch aus[4].

4.5   Schlußfolgerungen

Die Störungswirkzeit und die mittels der Steuerung erfaßbaren Symptome sind maßgeblich für die Zuverlässigkeit und den Detaillierungsgrad der mit Hilfe von Diagnosesystemen automatisch erstellten Diagnosemeldungen. Die aus der lückenhaften Sensorik und der Unkenntnis der Störungswirkzeit resultierende Unvermeidbarkeit fehlerhafter Diagnosemeldungen muß bereits bei dem Entwurf von Diagnosesystemen berücksichtigt werden.

---

[4]   In der Maschinensteuerungs- und Zellenebene finden heute zunehmend modifizierte PCs Verwendung. Treibende Kraft für den Einsatz solcher in Einheits- und Hauptbenutzungsfelder integrierte Rechner aus der Konsumgüterindustrie ist der Wunsch nach Kostenreduzierung durch Ersatz der bisher eingesetzten teuren Spezialsysteme zur Benutzung und Beobachtung der Transferstraßen. Angestrebt wird die Verwendung preisgünstiger Hardware zur Datenein- und Datenausgabe sowie zur Schaffung offener Hard- und Softwareplattformen, um zukünftige Entwicklungen in der Softwaretechnik preisgünstig und schnell nutzen zu können (vgl. z.B. das Projekt *'OSACA'*) [42,81].

Die Rentabilität wissensbasierter Diagnosesysteme wird von den Aufwänden zur Erstellung, Wartung und Pflege der zugrundeliegenden Modelle oder Fehlerbeschreibungen bestimmt. Hierbei weisen insbesondere tiefe wissensbasierte Diagnosesysteme gravierende Nachteile auf. Darüber hinaus erweist sich die konsequente Ausrichtung der Diagnosesysteme auf die Eigenschaften und Auswirkungen der auftretenden Störungen sowie die Aufgaben und das Wissen des Betriebs- und Wartungspersonals als entscheidend.

Die Erfassung, Formalisierung und Handhabung von Wissen zur Störungsbehebung bildet die zentrale Problemstellung bei wissensbasierten Diagnosesystemen. Der aus Kostengründen notwendige Einsatz flacher Systeme macht wegen der sich erst im Betrieb der Transferstraßen einstellenden Verfügbarkeit des zugrundeliegenden Störungswissens und dessen Verteilung auf das Betriebs- und Wartungspersonal das Beschreiten neuer Wege zur Wissenserfassung, -formalisierung und -handhabung notwendig.

5 Anforderungen an eine technische Lösung

5.1 Analyse und Bewertung der Anforderungen

Der für die rasche Störungsbehebung und die vorbeugende Störungsvermeidung notwendige Einsatz eines auf die Problemstellung angepaßten wissensbasierten Diagnosesystems bei Transferstraßen setzt zunächst eine Analyse und Bewertung der bestehenden Anforderungen voraus. Tabelle 5.1-1 faßt das hierzu aus den in Kapitel 3 dargestellten Eigenschaften und Auswirkungen der Störungen und den in Kapitel 4 gegebenen Nachteilen heutiger wissensbasierter Systeme abgeleitete Anforderungsprofil an ein wissensbasiertes Diagnosesystem für Transferstraßen zusammen.

Anforderungen	Lösungsansätze
Störungsbehebung	• Phänomenologische Methode zur Störungseingrenzung auf der Grundlage heuristischer Symptom-Ursache-Maßnahme-Verknüpfungen; Beschränkung auf flaches Störungswissen. • Verwendung am Betriebs- und Wartungspersonal und der Aufgabenstellung orientierter Informationen bei Ein- und Ausgabe.
Störungsvermeidung	• Ermittlung störungsanfälliger Komponenten der Transferstraßen auf der Grundlage des erfaßten Störungswissens über Orte und Ursachen der Störungen.
Erstellung, Wartung und Pflege der Wissensbasis	• Kontinuierliche Erfassung und Speicherung des Störungswissens des Betriebs- und Wartungspersonals ohne Wissensingenieur (*Adaption*). • Selbständige Wartung der Wissensbasis während der gesamten Lebensdauer der Transferstraße mit dem Ziel der Bereinigung fehlerhafter oder veralteter Informationen (*programmbasiertes Lernen*).

Tabelle 5.1-1: Anforderungen und Lösungsansätze an ein wissensbasiertes Diagnosesystem bei Transferstraßen.

Die in <u>Tabelle 5.1-1</u> gegebenen Anforderungen und Lösungsansätze können nur durch ein flaches wissensbasiertes Diagnosesystem erfüllt werden. Notwendige Eigenschaften sind die Fähigkeit der Adaption von Störungswissen des Betriebs- und Wartungspersonals und die Nutzung von Methoden programmbasierten Lernens. Ein entsprechendes Diagnosesystem wird im folgenden als *adaptierbares Diagnosesystem* bezeichnet.

Die beim adaptierbaren Diagnosesystem aus Kostengründen unabdingbare Erstellung und Pflege der Wissensbasis ohne Wissensingenieur macht eine Erweiterung heute vorliegender flacher Diagnosesysteme um eine in den Handlungsablauf des Betriebs- und Wartungspersonals bei der Störungsbehebung eingebundene Komponente der Wissensakquisition notwendig. Die geforderte Wartung der Wissensbasis kann nur mittels einer Komponente zur Aktualisierung des gespeicherten Wissens erreicht werden. <u>Bild 5.1-1</u> stellt das aus den dargestellten Anforderungen abgeleitete adaptierbare Diagnosesystem in den Kontext von Überwachungssystem und Betriebs- und Wartungspersonal.

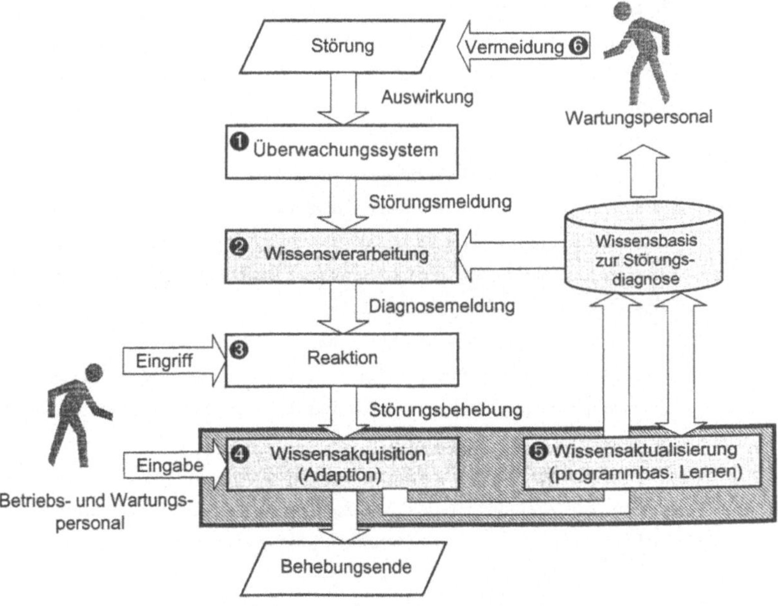

<u>Bild 5.1-1:</u> Kontext des adaptierbaren Diagnosesystems bei der Störungsbehebung und -vermeidung bei Transferstraßen. Grau dargestellt sind die Komponenten des adaptierbaren Diagnosesystems. Die schraffierten Komponenten stellen eine Neuerung zu den heute verfügbaren flachen Diagnosesystemen dar.

❶. Die Störung wird anhand ihrer Auswirkungen auf die Bearbeitungseinheit oder auf den Produktionsprozeß vom Überwachungssystem erkannt. Im Ablaufprogramm der Steuerung hinterlegte Verfahren bewerten die Störung und führen Maßnahmen durch, um Schaden für Mensch und Maschine abzuwenden. Das Überwachungssystem stellt neben der Störungsmeldung Maschinendaten bereit, die an die Wissensverarbeitung übertragen werden.

❷. Die Wissensverarbeitung erstellt auf der Grundlage der übertragenen Maschinendaten durch Konsultierung der Wissensbasis zur Störungsdiagnose die Diagnosemeldung. Überwachung und Wissensverarbeitung erfolgen automatisch ohne Eingriff durch das Betriebs- und Wartungspersonal.

❸. Das Betriebs- und Wartungspersonal führt die Störungsbehebung auf der Grundlage der Diagnosemeldung durch. Wissen und Erfahrung fließen bei der Störungsbehebung mit ein. Während der Störungsbehebung ermittelt das Betriebs- und Wartungspersonal den Ort und Ursache der Störung, die von der Störung betroffene oder die Störung verursachende Komponente der Bearbeitungseinheit sowie die geeignete Maßnahme zur Störungsbehebung.
Der Wiederanlauf der Transferstraße erfolgt nach Abschluß der Störungsbehebung und Freigabe der Produktion durch das Betriebs- und Wartungspersonal.

❹. Das bei der Störungsbehebung gewonnene Wissen des Betriebs- und Wartungspersonals wird mit Hilfe der Komponente zur Wissensakquisition erfaßt und formalisiert. Es wird automatisch in die Wissensbasis zur Störungsdiagnose neu aufgenommen oder zur Aktualisierung bereits gespeicherten Wissens verwendet (Adaption).

❺. Die Komponente zur Wissensaktualisierung führt selbständig ohne Eingriff des Betriebs- und Wartungspersonals die Wartung des in der Wissensbasis zur Störungsdiagnose gespeicherten Wissens zur Störungsbehebung durch (programmbasiertes Lernen).

❻. Aus dem in der Wissensbasis zur Störungsdiagnose gespeicherten Wissen werden vom Wartungspersonal Maßnahmen zur konstruktiven Verbesserung der Bearbeitungseinheit zum Zweck der Störungsvermeidung abgeleitet.

Aus der Problemstellung können die zwei von der Komponente zur Wissensakquisition zu leistenden Aufgaben der Erfassung des Störungswissens des Betriebs- und Wartungspersonals und dessen Formalisierung in die in der Wissensbasis zur Störungsdiagnose standardisierte, programmbasiert verarbeitbare Form der Wissensrepräsentation abgeleitet werden. Das bei der Störungsbehebung empirisch gewonnene und an das Personal gebundene, kongruente Störungswissen muß bei der Wissensakquisition ohne Wissensingenieur zuverlässig in eine identische Form überführt werden. Die zu erarbeitende Komponente zur Wissensakquisition bildet den Mittler zwischen dem in natürlicher Sprache vorliegenden Wissen des Betriebs- und Wartungspersonals und dessen mittels Programmen beherrschbarer Repräsentation in der Wissensbasis zur Störungsdiagnose.

Abgeleitet aus den in <u>Tabelle 4.3.4-2</u> gegebenen Fragestellungen bilden die Erfassung und Formalisierung von Störungsursache (*Was?*) und -ort (*Wo?*) den Schwerpunkt der Wissensakquisition. Darüber hinaus ist insbesondere für unerfahrenes Betriebs- und Wartungspersonal der Vorschlag einer Maßnahme zur Störungsbehebung (*Wie?*) unerläßlich. Die Maßnahme muß hierzu ebenfalls bei der Wissensakquisition durch Dialog mit dem Betriebs- und Wartungspersonal ermittelt und in Fehlerbeschreibungen überführt werden.

Neben der Wissenserfassung und -formalisierung ist die Komponente zur Wissensaktualisierung zur Wartung der Wissensbasis zur Störungsdiagnose für den erfolgreichen mittel- und langfristigen Betrieb des adaptierbaren Diagnosesystems notwendig. Neben der Verknüpfung des erfaßten Störungswissens mit Symptomen zu Symptom-Ursache-Maßnahme-Verknüpfungen sind Methoden programmbasierten Lernens erforderlich, um eine Bewertung der Symptom-Ursache-Maßnahme-Verknüpfungen und deren Nutzung für transferstraßenübergreifende Analysen und Bewertungen mit dem Ziel der Störungsvermeidung durch eine konstruktive Verbesserung der Transferstraßen sicherstellen zu können.

Neben den Komponenten der Wissensakquisition und -aktualisierung muß das adaptierbare Diagnosesystem über praktikable Methoden zur Erfassung der zur Erstellung von Diagnosemeldungen geeigneten Symptome verfügen. Um die aus Kostengründen bei wissensbasierten Systemen erforderliche Wiederverwendbarkeit der Algorithmen zur Wissensverarbeitung sicher zu stellen ist die Unabhängigkeit der Symptome vom Maschinen- und Steuerungshersteller sowie den in den Steuerungen gespeicherten Ablaufprogrammen notwendig.

5.2   Ziel der Arbeit

Entsprechend dem vorliegenden Anforderungsprofil sind in dieser Arbeit die folgenden Teilaufgaben zu bewältigen:

- Konzeption, Realisierung und Evaluation von Methoden zur Erstellung und Repräsentation heuristischer Fehlerbeschreibungen (Symptom-Ursache-Maßnahme-Verknüpfungen) im Rahmen der in <u>Bild 5.1-1</u> gegebenen Teilschritte bei der Störungsbehebung. Hierzu ist zunächst eine Methode zur Erfassung der Symptome zu erarbeiten.

- Konzeption, Realisierung und Evaluation von Methoden des programmbasierten Lernens zur automatischen Wartung und Pflege der Fehlerbeschreibungen im Hinblick auf die Unterstützung des Betriebs- und Wartungspersonals bei der Störungsbehebung und Störungsvermeidung.

- Konzeption, Realisierung und Evaluation einer in der betrieblichen Praxis nutzbaren Methode zur eindeutigen Erfassung und Formalisierung des Störungswissens des Betriebs- und Wartungspersonals über Ort, Ursache und Maßnahme zur Störungsbehebung ohne Wissensingenieur.

6   Erstellung und Repräsentation von Fehlerbeschreibungen

Die Erstellung von Symptom-Ursache-Maßnahme-Verknüpfungen im Rahmen der in Bild 5.1-1 gegebenen Teilschritte bei der Störungsbehebung setzt die Erfassung von Symptomen voraus, die einen eindeutigen Rückschluß auf die Ursache der Störung ermöglichen. Aus der zur Reduzierung der Kosten notwendigen Wiederverwendbarkeit der Algorithmen zur Wissensverarbeitung folgt hierbei die Forderung nach der Unabhängigkeit der erfaßten Symptome vom Ablaufprogramm und der eingesetzten Steuerung.

Gemäß der in Kapitel 4.3.1 dargestellten Methoden der Störungserkennung bestehen heute in der Praxis erhebliche Einschränkungen bei der Störungserkennung, die die Möglichkeiten des Rückschlusses von den Symptomen auf die Ursachen einschränken. Die Realisierung des adaptierbaren Diagnosesystems setzt vor diesem Hintergrund zunächst eine Analyse und Bewertung der bei der Erstellung von Symptom-Ursache-Maßnahme-Verknüpfungen zu berücksichtigenden Randbedingungen voraus.

Im Rahmen dieser Arbeit wurden daher die Wechselwirkungen von Ursache und Symptomen in der Praxis analysiert. Ziel der Analyse war es, eine Ausgangsbasis für die nachfolgende Konzeption und den Entwurf der Methode zur Erstellung von Symptom-Ursache-Maßnahme-Verknüpfungen beim adaptierbaren Diagnosesystem zu legen.

6.1   Analyse und Bewertung der Symptome bei Transferstraßen

Zur Erzielung belastbarer Aussagen wurde in dieser Arbeit eine umfangreiche Analyse der bei Störungen an Bearbeitungseinheiten mit prozeßgeführter Ablaufsteuerung auftretenden Symptome durchgeführt. Im Zentrum der Analyse standen gemäß der in Tabelle 3.1.1-1 dargestellten Häufigkeit der Störungen bei Transferstraßen Störungen durch Sensorik und Hindernisse (z.B. Späne).

Bei der Analyse wurden die aus den Ein- und Ausgängen (E/A) der Steuerungen der Bearbeitungseinheiten gebildeten Merkmalsvektoren erfaßt und der im Rahmen der Störungsbehebung durch das Betriebs- und Wartungspersonal ermittelten Ursache zugeordnet. Hierbei traten zu einzelnen Ursachen oftmals mehrere verschiedene Merkmalsvektoren in Erscheinung. Solche einer Ursache zugeordnete Merkmalsvektoren werden im folgenden als *alternative Merkmalsvektoren* bezeichnet.

Die Existenz alternativer Merkmalsvektoren konnte im Rahmen der Analyse auf die **un-
zureichende Sensorik in den Bearbeitungseinheiten**, die **Berücksichtigung nicht mit
dem Bearbeitungsprozeß verknüpfter Sensorik und Aktorik** sowie auf die **Unkenntnis der Störungswirkzeit** zurückgeführt werden.

6.1.1   Alternative Merkmalsvektoren infolge unzureichender Sensorik

Die heute bei Transferstraßen vorhandene Sensorik schließt eine lückenlose und voll-
ständige Erfassung des Zustands der Bearbeitungseinheiten aus. Die verfügbaren Sensoren gestatten lediglich eine Überwachung auf das Erreichen weniger, im Vorfeld be-
stimmter Zustände innerhalb eines vorgegebenen Zeitintervalls. Während der einzelnen
Schritte, innerhalb derer mehrere Merkmalsvektoren in Erscheinung treten können, bleiben die Zustände der Bearbeitungseinheit unüberwacht. Bild 6.1.1-1 zeigt die hieraus resultierende Problematik.

Dargestellt ist eine Bearbeitungseinheit zur Bohrbearbeitung mit zwei Schlitten, deren
Bewegungen in +z/-z und +x/-x -Richtung mittels fünf Signalgebern überwacht und über
vier Ausgänge gesteuert werden. Von den möglichen $2^9 = 512$ Merkmalsvektoren treten
während des sechs Schritte umfassenden Bearbeitungstakts 14 **verschiedene** Merkmalsvektoren in Erscheinung. Sie bilden die Spalten der Tabelle 6.1.1-1.

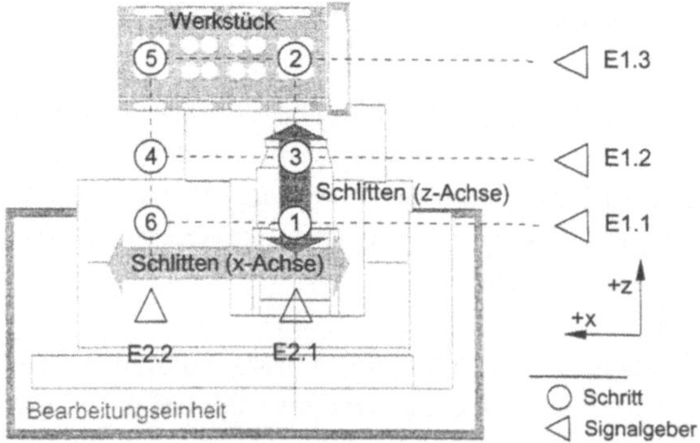

Bild 6.1.1-1:   Beispiel einer während eines Bearbeitungstaktes durchzuführenden Abfolge von Schritten der im Bild grau dargestellten Bearbeitungseinheit.

| E/A | Schritt | | | | | | | | | | | | | | | |
| | 1 | | | | 2 | | 3 | | 4 | | 5 | | | | 6 | |
	$\underline{M}_{1.1}$	$\underline{M}_{1.2}$	$\underline{M}_{1.3}$	$\underline{M}_{1.4}$	$\underline{M}_{2.1}$	$\underline{M}_{2.2}$	$\underline{M}_{3.1}$	$\underline{M}_{3.2}$	$\underline{M}_{4.1}$	$\underline{M}_{4.2}$	$\underline{M}_{5.1}$	$\underline{M}_{5.2}$	$\underline{M}_{5.3}$	$\underline{M}_{5.4}$	$\underline{M}_{6.1}$	$\underline{M}_{6.2}$
E1.1	0	0	0	0	0	0	0	0	0	0	0	0	0	1	1	1
E1.2	0	1	0	0	0	1	1	1	0	0	0	1	0	0	0	0
E1.3	0	0	0	1	0	0	0	0	0	1	0	0	0	0	0	0
E2.1	1	1	1	1	1	1	0	0	0	0	0	0	0	0	0	1
E2.2	0	0	0	0	0	0	0	1	1	1	1	1	1	1	0	0
A1.1 (+z)	1	1	1	1	0	0	0	0	1	1	0	0	0	0	0	0
A1.2 (-z)	0	0	0	0	1	1	0	0	0	0	1	1	1	1	0	0
A2.1 (+x)	0	0	0	0	0	0	1	1	0	0	0	0	0	0	0	0
A2.2 (-x)	0	0	0	0	0	0	0	0	0	0	0	0	0	0	1	1

Tabelle 6.1.1-1: Ein- und Ausgänge sowie die Merkmalsvektoren der im Bild 6.1.1-1 dargestellten Bearbeitungseinheit während eines Bearbeitungstakts.

Da infolge der lückenhaften Sensorik Merkmalsvektoren während eines Schritts mehrfach in Erscheinung treten können, ist aus einem Merkmalsvektor häufig kein Rückschluß auf den tatsächlichen Zustand der Bearbeitungseinheit und weniger noch auf die Ursache der Störung mehr möglich. So führt bei dem im Bild 6.1.1-1 dargestellten Beispiel der Ausfall des Antriebs in +z-Richtung während des ersten Schritts bereits auf drei alternative Merkmalsvektoren, von denen die Merkmalsvektoren $\underline{M}_{1.1}$ und $\underline{M}_{1.3}$ keinen Rückschluß auf die tatsächliche Position des in +z-Richtung verfahrenden Schlittens mehr zulassen.

6.1.2 Alternative Merkmalsvektoren infolge zusätzlicher Zustandsgrößen

Neben den unmittelbar mit der Bearbeitungseinheit verbundenen Ein- und Ausgängen enthält jeder Merkmalsvektor stets eine Vielzahl zusätzlicher Zustandsgrößen, die keinen Rückschluß auf den Zustand der Bearbeitungseinheit zulassen. Ein Beispiel hierfür sind Signalgeber, die z.B. beim Handbetrieb, nicht jedoch im automatischen Betrieb der Bearbeitungseinheiten benötigt werden. Tabelle 6.1.2-1 verdeutlicht dies am Beispiel des in Tabelle 6.1.1-1 gegebenen Merkmalsvektors $\underline{M}_{1.1}$.

Ergänzend zu dem Merkmalsvektor $\underline{M}_{1.1}$ sind in Tabelle 6.1.2-1 ein mit einem Signalgeber verbundener Eingang $E_{\text{Signalgeber}}$ der Steuerung und eine mittels des Ausgangs A_{Lampe} angesteuerte Lampe berücksichtigt. Darüber hinaus dargestellt sind die Wahrscheinlichkeiten, daß der Ein- bzw. Ausgang im Moment der Störungserkennung den Zustand '1' aufweist sowie die Wahrscheinlichkeit p für die jeweilige Kombination von Ein- und Ausgang.

	E/A										
	E1.1	E1.2	E1.3	E2.1	E2.2	A1.1	A1.2	A2.1	A2.2	$E_{\text{Signalgeber}}$ $(p_{(E=1)}=0.9)$	A_{Lampe} $(p_{(A=1)}=0.2)$	p
$\underline{M}_{1.1}$ (1)	0	0	0	1	0	1	0	0	0	0	0	0,08
$\underline{M}_{1.1}$ (2)	0	0	0	1	0	1	0	0	0	0	1	0,02
$\underline{M}_{1.1}$ (3)	0	0	0	1	0	1	0	0	0	1	0	0,72
$\underline{M}_{1.1}$ (4)	0	0	0	1	0	1	0	0	0	1	1	0,18

Tabelle 6.1.2-1: Alternative Merkmalsvektoren infolge zweier nicht unmittelbar mit der Bearbeitungseinheit verknüpfter Ein- und Ausgänge.

Aufgrund der kombinatorischen Explosion machen schon wenige im Merkmalsvektor berücksichtigte Ein- oder Ausgänge jeden Versuch eines in der Praxis tauglichen heuristischen Vorgehens zum Rückschluß von dem Merkmalsvektor auf die Ursache unmöglich. Beispielsweise führt bereits die Berücksichtigung von nur 10 Eingängen und 5 Ausgängen zu mehr als 30 000 alternativen Merkmalsvektoren gleichen Informationsgehalts.

Die in Tabelle 6.1.2-1 dargestellte Betrachtung der Wahrscheinlichkeit der Kombinationen zeigt, daß eine Vielzahl der entstehenden alternativen Merkmalsvektoren eine signifikant von Null verschiedene Auftrittswahrscheinlichkeit aufweisen und infolgedessen nicht vernachlässigt werden können. Dies schließt eine Beschränkung der zu berücksichtigenden Merkmalsvektoren auf nur wenige Merkmalsvektoren höchster Auftrittswahrscheinlichkeit aus.

6.1.3 Alternative Merkmalsvektoren infolge unbekannter Störungswirkzeit

Infolge der lückenhaften Sensorik und aufgrund der prozeßgeführten Ablaufsteuerung bleibt in der Praxis die Störungswirkzeit stets unbekannt. Mit zunehmender

Störungswirkzeit weicht der den Zustand der Bearbeitungseinheit repräsentierende Merkmalsvektor von dem den Moment des Störungseintritts kennzeichnenden Merkmalsvektor mehr und mehr ab. Hieraus folgt das mit zunehmender Störungswirkzeit rasche Anwachsen der Anzahl alternativer, häufig irreführender Merkmalsvektoren. Bild 6.1.3-1 verdeutlicht den Zusammenhang.

Im Bild 6.1.3-1 gegenübergestellt ist der geplante und der tatsächliche Verfahrweg der Schlitten einer Bearbeitungseinheit bei einem vorzeitigen Ansprechen des Signalgebers E1.2. Die Störungserkennung und die Erfassung des Merkmalsvektors erfolgen erst innerhalb der dem Störungseintritt nachfolgenden Schritte der Ablaufsteuerung.

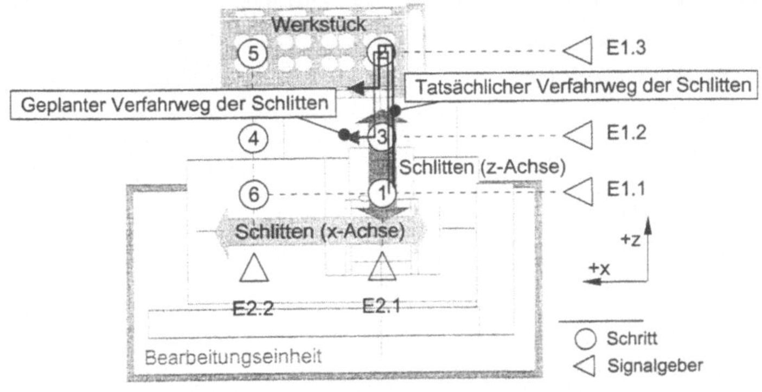

Bild 6.1.3-1: Geplanter und tatsächlicher Verfahrweg der Schlitten als Folge einer Störung.

Wie in Bild 6.1.3-1 gezeigt, ist die Störungswirkzeit nicht auf einen Schritt des Ablaufprogramms beschränkt. So traten bei der in dieser Arbeit durchgeführten Analyse Störungswirkzeiten von wenigen Sekunden bis hin zur Taktzeit der Bearbeitungseinheiten im Minutenbereich zu Tage.

Das in Bild 6.1.3-1 stark vereinfacht dargestellte Phänomen der über mehrere Schritte hinweg verzögerten Störungserkennung bildet eine maßgebliche Ursache für die in der Praxis häufig auftretenden falschen Diagnosemeldungen bei den heute verfügbaren, vom Maschinenhersteller erstellten flachen wissensbasierten Diagnosesystemen.

6.1.4 Bewertung von Zustandsgrößen bei der Erfassung von Symptomen

Neben der Beschränkung auf die Zustandsgrößen des zugänglichen Zustandsraums erlauben in den Steuerungen der Bearbeitungseinheiten abgelegte Programme auch die Berücksichtigung von Zustandsgrößen des vollständigen Zustandsraums bei der Erfassung von Symptomen. Beispiele solcher Zustandsgrößen sind die Nummer des aktuellen Schritts oder die seit dem Start des Schritts vergangene Zeit.

Neben dem Vorteil der teilweise möglichen Reduzierung der Anzahl alternativer Merkmalsvektoren ist die Berücksichtigung von Zustandsgrößen des vollständigen Zustandsraums in der Praxis aber auch mit Nachteilen verbunden. <u>Tabelle 6.1.4-1</u> stellt die bei der Berücksichtigung von Zustandsgrößen des vollständigen und des zugänglichen Zustandsraums zu Tage tretenden praxisrelevante Vor- und Nachteile bei der Erfassung der Merkmalsvektoren gegenüber.

		Vollständiger Zustandsraum (SPS)	Zugänglicher Zustandsraum (E/A)
Alternative Merkmalsvektoren infolge	lückenhafter Sensorik	○	○
	zusätzlicher Sensorik	●	○
	unbekannter Störungswirkzeit	○	○
Kosten/Nutzen-Verhältnis infolge	Projektierungs- und Programmierungsaufwand	○	◑
	Unabhängigkeit vom Ablaufprogramm	○	●
	Unabhängigkeit vom Steuerungshersteller	○	●

● gut   ◑ mittel   ○ schlecht

<u>Tabelle 6.1.4-1:</u> Vor- und Nachteile bei der Erfassung von Merkmalsvektoren auf der Grundlage der Zustandsgrößen des vollständigen und des zugänglichen Zustandsraums.

Den Vorteilen des Zugriffs auf die Zustandsgrößen des vollständigen Zustandsraums steht die Notwendigkeit des umfangreichen, nicht wiederverwendbaren

Programmieraufwands gegenüber. Die Beschränkung auf die leicht zugänglichen Zustandsgrößen des zugänglichen Zustandsraums erweist sich somit als vorteilhaft, falls es gelingt, die Anzahl aus der Berücksichtigung zusätzlicher Sensorik resultierender alternativer Merkmalsvektoren zu reduzieren.

6.1.5 Methode zur Reduzierung der Anzahl alternativer Merkmalsvektoren

Zur Verminderung der Anzahl alternativer Merkmalsvektoren infolge zusätzlicher Sensorik sind alle nicht für die Bewertung des Zustands der Bearbeitungseinheiten enthaltenen Zustandsgrößen aus den Merkmalsvektoren zu beseitigen. Zur Erlangung der geforderten Unabhängigkeit sowohl vom Ablaufprogramm und als auch vom Steuerungshersteller muß die hierzu genutzte Methode ohne umfangreiche Programmierung steuerungsextern erfolgen können.

Die mittels eines Rechner am einfachsten zu realisierende Methode bildet die logische UND-Verknüpfung mit einem einmalig im Vorfeld zu projektierenden Filtervektor $\underline{F}$. Der bei der Verknüpfung erzeugte Vektor wird im folgenden als *bereinigter Merkmalsvektor* $\underline{M}_B$ bezeichnet. Tabelle 6.1.5-1 zeigt den Zusammenhang von Merkmalsvektor, Filtervektor und bereinigtem Merkmalsvektor am Beispiel der in Tabelle 6.1.2-1 eingeführten Merkmalsvektoren.

$\underline{M}$	$\underline{F}$	$\underline{M}_B$
{00010100000}		{00010100000}
{00010100001}		{00010100000}
{00010100010}	{11111111100}	{00010100000}
{00010100011}		{00010100000}

Tabelle 6.1.5-1: Zusammenhang von Merkmalsvektor $\underline{M}$, Filtervektor $\underline{F}$ und bereinigtem Merkmalsvektor $\underline{M}_B$.

Trotz der erreichbaren Reduzierung der Anzahl alternativer Merkmalsvektoren muß in der Praxis aufgrund der lückenhaften Sensorik und der unbekannten Störungswirkzeit mit alternativen bereinigten Merkmalsvektoren gerechnet werden. Infolgedessen stellt die im Vorfeld programmierte Zuordnung von Merkmalsvektoren zu Diagnosemeldungen auch zukünftig eine Aufgabe dar, die sich in expliziter Form nicht lösen läßt.

6.2 Analyse und Bewertung von Fehlerbeschreibungen

Welche der Merkmalsvektoren im Betrieb der Bearbeitungseinheit tatsächlich in Erscheinung treten und welche Diagnosemeldungen jeweils zugeordnet werden müssen, kann im Vorfeld nicht ermittelt werden. Die heute anzutreffende Vorgehensweise, durch das Hinterlegen einer großen Anzahl von Diagnosemeldungen die Leistungsfähigkeit der eingesetzten Diagnosesysteme zu steigern, führte zu dem in Bild 4.4.2-1 dargestellten schlechten Verhältnis von in den Wissensbasen enthaltenen zu vorkommenden Diagnosemeldungen.

Die angestrebte Nutzung der phänomenologischen Methode zur Unterstützung der Störungsbehebung setzt daher zunächst eine differenzierte Betrachtung der zwischen Merkmalsvektoren und Diagnosemeldungen bestehenden Verknüpfungen als Grundlage des Entwurfs einer Methode zur Abbildung von Symptom-Ursache-Maßnahme-Verknüpfungen voraus. Sie wird im folgenden zunächst für zeitinvariante Verknüpfungen erarbeitet.

6.2.1 Zeitinvariante Fehlerbeschreibungen

Die bei Bearbeitungseinheiten von Transferstraßen auftretenden verschiedenen Ursachen von Störungen können als Elemente des aus der Menge der Ursachen U_1, U_2, ... , U_{NER} gebildeten *Ereignisraums* $\underline{U}_{ER}$ aufgefaßt werden. Hierbei gilt:

$$\underline{U}_{ER} = \{\, U_1;\, U_2;\, U_3;\, ...\, ;\, U_{NER} \} \qquad (6.2.1\text{-}1)$$

Bei dieser Betrachtungsweise kann jeder Störung stets genau eine Ursache aus $\underline{U}_{ER}$ zugeordnet werden. Wie gezeigt wurde, kann jede in $\underline{U}_{ER}$ enthaltene Ursache zu einem oder mehreren verschiedenen bereinigten Merkmalsvektoren $\underline{M}_B$ führen. Faßt man die Menge der auf einen einzigen bereinigten Merkmalsvektor führenden Ursachen zusammen, so ergibt sich stets eine Teilmenge des Ereignisraums $\underline{U}_{ER}$. Die in einer solchen Teilmenge enthaltenen Ursachen U_i werden im folgenden als Elemente $U_{i,j}$ der *Ereignismenge* $\underline{U}_{EMj}$ bezeichnet:

$$\underline{U}_{EMj} = \{\, U_{1,j};\, U_{2,j};\, U_{3,j};\, ...\, ;\, U_{NEMj,j} \} \quad (j \in 1, 2, ... , N_{ER}) \qquad (6.2.1\text{-}2)$$

Jedes Element U_i des Ereignisraums $\underline{U}_{ER}$ kann ein Element mehrerer Ereignismengen sein. Diese Aussage entspricht dem bereits diskutierten Sachverhalt, daß zwischen einer

Ursache U_i und einem bereinigten Merkmalsvektor $\underline{M}_{B\,i}$ keine eindeutige Verknüpfung bestehen muß. Gemäß der hier gewählten Definition der Ereignismenge besteht jedoch zwischen allen Elementen einer Ereignismenge $\underline{U}_{EMj}$ eine eindeutige Verknüpfung zu einem bereinigten Merkmalsvektor $\underline{M}_{B\,j}$. Dieser Zusammenhang kann dargestellt werden als

$$\underline{U}_{EM\,j} \rightarrow \underline{M}_{B\,j} \qquad (j \in 1, 2, \dots, N_{ER}) \qquad (6.2.1\text{-}3)$$

Die Richtung des Pfeils entspricht hierbei der Richtung der eindeutigen Verknüpfung.

In dieser Schreibweise kann die bereits diskutierte Verknüpfung der Ursachen $U_{i,j}$ der Ereignismenge $\underline{U}_{EM\,j}$ mit dem Merkmalsvektor $\underline{M}_{B\,j}$ dargestellt werden als

$$\{\, U_{1,j};\ U_{2,j};\ U_{3,j};\ \dots\ ; U_{NEMj,j}\} \ \rightarrow \underline{M}_{Bj} \quad (j \in 1, 2, \dots, N_{ER}) \qquad (6.2.1\text{-}4)$$

Aufgrund der Existenz alternativer Merkmalsvektoren ist eine Verknüpfung der in einem Diagnosesystem berücksichtigten Merkmalsvektoren mit einer oder mehreren Diagnosemeldungen erforderlich. Bezeichnet man die informationstechnische Repräsentation einer Diagnosemeldung in einer Wissensbasis als *Diagnosevektor $\underline{D}$*, so kann jede Verknüpfung zwischen einem Merkmalsvektor $\underline{M}_{B\,j}$ und einem Diagnosevektor dargestellt werden als

$$\underline{M}_{Bj} \rightarrow \underline{D}_{i,j} \qquad (i \in 1, 2, \dots, N_{\underline{D}\,j};\ j \in 1, 2, \dots, N_{ER}) \qquad (6.2.1\text{-}5)$$

Die Summe der zwischen dem Merkmalsvektor und den Diagnosevektoren bestehenden Verknüpfungen lautet entsprechend

$$\underline{M}_{Bj} \rightarrow \{\underline{D}_{1,j}\,;\ \underline{D}_{2,j};\ \dots\ ;\ \underline{D}_{NDj,j}\,\} \qquad (j \in 1, 2, \dots, N_{ER}) \qquad (6.2.1\text{-}6)$$

Aus der Kombination der Verknüpfungen *(6.2.1-4)* und *(6.2.1-6)* folgt der für die Abbildung von Symptom-Ursache-Maßnahme-Verknüpfungen notwendige Zusammenhang der N_{EMj} Ursachen $U_{i,j}$ der Ereignismenge $\underline{U}_{EMj}$ mit den N_{Dj} Diagnosevektoren $\underline{D}_{i,j}$ mittels des Merkmalsvektors $\underline{M}_{B\,j}$. Er ist in Bild 6.2.1-1 veranschaulicht und lautet:

$$\{\, U_{1,j}\,;\ U_{2,j};\ \dots\ ;\ U_{NEMj,j}\} \ \rightarrow \underline{M}_{Bj} \rightarrow \{\underline{D}_{1,j}\,;\ \underline{D}_{2,j};\ \dots\ ;\ \underline{D}_{NDj,j}\}$$
$$(j \in 1, 2, \dots, N_{ER}) \qquad (6.2.1\text{-}7)$$

Aus der Verknüpfung *(6.2.1-7)* folgt unmittelbar, daß die Anzahl der jedem Merkmalsvektor zuzuordnenden Diagnosevektoren stets größer oder gleich der Anzahl der zu dem Merkmalsvektor führenden Ursachen ist. Mehr Diagnosevektoren als die Anzahl in der

Ereignismenge enthaltener Ursachen werden benötigt, wenn z.B. infolge der lückenhaften Sensorik oder aufgrund von Fehlern bei der Erfassung des Wissens des Betriebs- und Wartungspersonals einzelnen Ursachen mehrere Diagnosevektoren zugeordnet werden müssen.

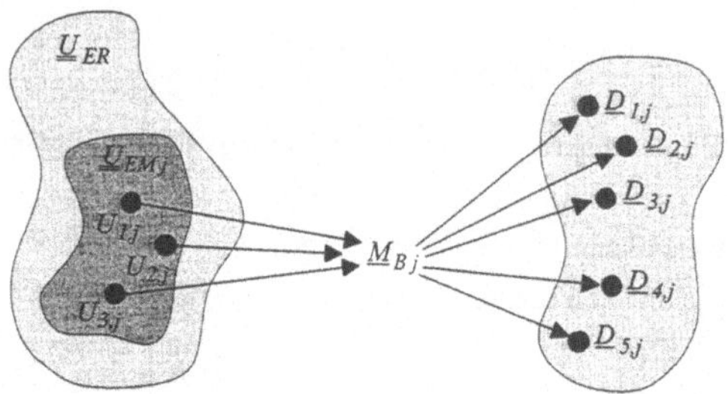

Bild 6.2.1-1: Zusammenhang von Ursachen $U_{i,j}$, bereinigtem Merkmalsvektor $\underline{M}_{Bj}$ und zugeordneten Diagnosevektoren $\underline{D}_{i,j}$.

6.2.2 Zeitvariante Fehlerbeschreibungen

Die Gültigkeit der Verknüpfung (Gl. *6.2.1-7*) ist gemäß der getroffenen Annahmen auf zeitinvariante Problemstellungen begrenzt. In der betrieblichen Praxis ist diese Bedingung aufgrund der während der Lebensdauer der Transferstraßen erfolgenden Umbauten der Bearbeitungseinheiten oder der Änderungen der Ablaufprogramme jedoch stets nur für einen Zeitraum von wenigen Monaten erfüllt.

Im Zuge solcher Änderungen an den Ablaufprogrammen oder den Bearbeitungseinheiten verlieren Teile der zu diesem Zeitpunkt repräsentierten Verknüpfungen von Merkmals- und Diagnosevektoren ihre Gültigkeit. Hieraus resultieren folgende, im Widerspruch zu den heute bei flachen Diagnosesystemen zu findenden Vorgehensweisen stehende Aussagen:

- Das alleinige Hinzufügen neuer Merkmals- und Diagnosevektoren zu den Wissensbasen führt mittel- und langfristig *nicht* zu einer höheren Leistungsfähigkeit flacher Diagnosesysteme sondern schränkt infolge eines Absinkens der Zuverlässigkeit der erstellten Diagnosemeldungen deren Leistungsfähigkeit sogar ein.

- Nicht die Merkmals- oder Diagnosevektoren als solches sind nach Änderungen der Ablaufprogramme oder Umbauten der Bearbeitungseinheiten fehlerhaft. Vielmehr können fehlerhafte Diagnosen auf veraltete und mithin nicht mehr zutreffende Verknüpfungen zwischen Merkmals- und Diagnosevektoren zurückgeführt werden.

Die Leistungsfähigkeit flacher Diagnosesysteme bei Transferstraßen wird somit nicht von der Anzahl gespeicherter Merkmals- und Diagnosevektoren bestimmt. Vielmehr ist bei der Repräsentation der Fehlerbeschreibungen der Schwerpunkt auf die Methoden zur Erstellung, Wartung und Pflege und der zwischen den Merkmals- und Diagnosevektoren bestehenden Verknüpfungen zu legen.

6.2.3 Methode zur Repräsentation von Fehlerbeschreibungen

Die dargestellten Anforderungen machen eine getrennte Repräsentation von Merkmalsvektoren, Diagnosevektoren und Verknüpfungen notwendig. Infolge dieser Trennung büßen die Verknüpfungen ihre Charakteristik als Eigenschaft von Merkmalsvektoren ein und bilden einen eigenständigen Bestandteil der Wissensbasis zur Störungsdiagnose.

Bezeichnet man die zwischen den Merkmalsvektoren $\underline{M}_{B\,WB\,i}$ und den Diagnosevektoren $\underline{D}_{WB\,j}$ bestehenden Verknüpfungen als $\underline{V}_{WB\,i,j}$, so können diese Verknüpfungen in Analogie zu dem in Kapitel 6.2.1 eingeführten Vorgehen dargestellt werden als:

$$\underline{V}_{WB\,i,j} = \underline{M}_{B\,WB\,i} \to \underline{D}_{WB\,j} \qquad (\,i = 1, 2, ..., N_{WB\,Max\,\underline{M}}\,; j = 1, 2, ..., N_{WB\,Max\,\underline{D}}\,) \quad (6.2.3\text{-}1)$$

Hierbei repräsentieren $\underline{M}_{B\,WB\,i}$ und $\underline{D}_{WB\,j}$ die in der Wissensbasis gespeicherten Merkmals- und Diagnosevektoren. $N_{WB\,Max\,M}$ und $N_{WB\,Max\,D}$ geben die maximale Anzahl der in der Wissensbasis zur Störungsdiagnose speicherbaren Merkmals- und Diagnosevektoren.

Die Repräsentation der zwischen den Merkmals- und Diagnosevektoren bestehenden Verknüpfungen $\underline{V}_{WB\,i,j}$ setzt eine Verknüpfungsmatrix der Größe $N_{WB\,Max\,M} \cdot N_{WB\,Max\,D}$ voraus. Gemäß der in Kapitel 3 dargestellten Eigenschaften von Störungen bei Transferstraßen sind in der Praxis jedoch nur sehr wenige Verknüpfungen von Merkmals- und Diagnosevektoren zu erwarten. Infolgedessen kann die Anzahl der zwischen einem Merkmalsvektor und den Diagnosevektoren abzubildenden Verknüpfungen stark eingeschränkt werden. Bild 6.2.3-1 veranschaulicht die hieraus abgeleitete Methode zur

Repräsentation von Merkmals- und Diagnosevektoren sowie der zugeordneten Verknüpfungen. Der im Bild eingeführte Faktor k_{Max} gibt die maximale Anzahl der zwischen einem Merkmalsvektor und den Diagnosevektoren zugelassenen Verknüpfungen $\underline{V}_{WB\,i,j}$.

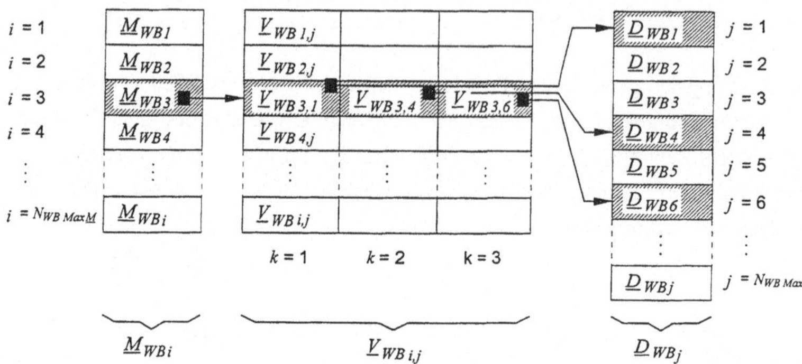

Bild 6.2.3-1: Methode zur Repräsentation von Fehlerbeschreibungen für das adaptierbare Diagnosesystem (Beispiel: $k_{Max} = 3$).

Die im Bild 6.2.3-1 dargestellte Vielzahl möglicher Verknüpfungen zwischen den Merkmals- und Diagnosevektoren macht eine Bewertung der Verknüpfungen bei der im Störungsfall geforderten Erstellung der Diagnosemeldungen notwendig. Hierzu sind neben den Verknüpfungen geeignete Kenngrößen zur deren Bewertung erforderlich. Sie bilden eine Eigenschaft der Verknüpfungen und sind entsprechend mit den Verknüpfungen zu speichern.

6.3 Erstellung von Fehlerbeschreibungen

Aufbauend auf der in Bild 6.2.3-1 dargestellten Methode zur Repräsentation von Fehlerbeschreibungen können Szenarien abgeleitet werden, die bei der Ausgabe und der Erfassung der Fehlerbeschreibungen durch ein adaptierbares Diagnosesystem in der Praxis berücksichtigt werden müssen. Sie sind in Tabelle 6.3-1, getrennt nach Kriterien und Aufgaben, zusammengefaßt.

Stellt man die Szenarien in Zusammenhang mit dem in Bild 5.1-1 dargestellten Kontext des adaptierbaren Diagnosesystems bei der Störungsbehebung, so können drei abgeschlossene Teilaufgaben unterschieden werden:

Kriterien	Merkmalsvektor gespeichert ?	nein	ja	ja	ja	ja
	Anzahl gespeicherter Verknüpfungen ?	—	1	1	> 1	>1
	Diagnose(n) zutreffend (o.k.) ?	—	ja	nein	ja	nein
Aufgaben	Bewertung gespeicherter Verknüpfungen.	—	nein	nein	ja	ja
	Speichern des Merkmalsvektors.	ja	nein	nein	nein	nein
	Wissenserfassung und -formalisierung.	ja	nein	ja	nein	ja
	Speichern des Diagnosevektors.	(ja)	nein	(ja)	nein	(ja)
	Speichern der Verknüpfung.	ja	nein	ja	nein	ja
	Aktualisieren der Kenngrößen.	ja	ja	ja	ja	ja

<u>Tabelle 6.3-1</u>: Kriterien und abgeleitete Aufgaben bei der Ausgabe und der Erfassung von Symptom-Ursache-Maßnahme-Verknüpfungen.

- **Ermittlung und Anzeige der Diagnose(n)** aufbauend auf dem bereinigten Merkmalsvektor oder ggf. **Speicherung des unbekannten bereinigten Merkmalsvektors**. Treten bei der Ermittlung der Diagnose mehreren Alternativen in Erscheinung, müssen diese im Hinblick auf ihre unterstützende Wirkung bei der Störungsbehebung durch Rückgriff auf die den Verknüpfungen zugeordneten Kenngrößen bewertet werden. Ist die Erstellung der Diagnose(n) aufgrund des Auftretens eines bisher unbekannten bereinigten Merkmalsvektors unmöglich, muß das Betriebs- und Wartungspersonal auf die Situation durch eine entsprechende Meldung (z.B. *'Störung unbekannt'*) aufmerksam gemacht werden.

- **Erfassung und Formalisierung des Störungswissen** des Betriebs- und Wartungspersonals und nachfolgend die Speicherung der Verknüpfung sowie ggf. des Diagnosevektors. Genügt bei bereits gespeicherten Merkmals- und Diagnosevektoren das Aktualisieren der der entsprechenden Verknüpfung zugeordneten Kenngrößen, so muß nach einer erstmaligen Neueingabe eines Diagnosevektors der Vektor und die zugehörige Verknüpfung in die Wissensbasis zur Störungsdiagnose neu eingefügt werden.

- **Aktualisierung der den Verknüpfungen zugeordneten Kenngrößen** zur langfristigen Sicherstellung der Leistungsfähigkeit des Diagnosesystems.

<u>Bild 6.3-1</u> veranschaulicht das aus der Abfolge der Teilschritte bei der Störungsbehebung abgeleitete Zusammenspiel der in <u>Tabelle 6.3-1</u> gegebenen Kriterien und Aufgaben.

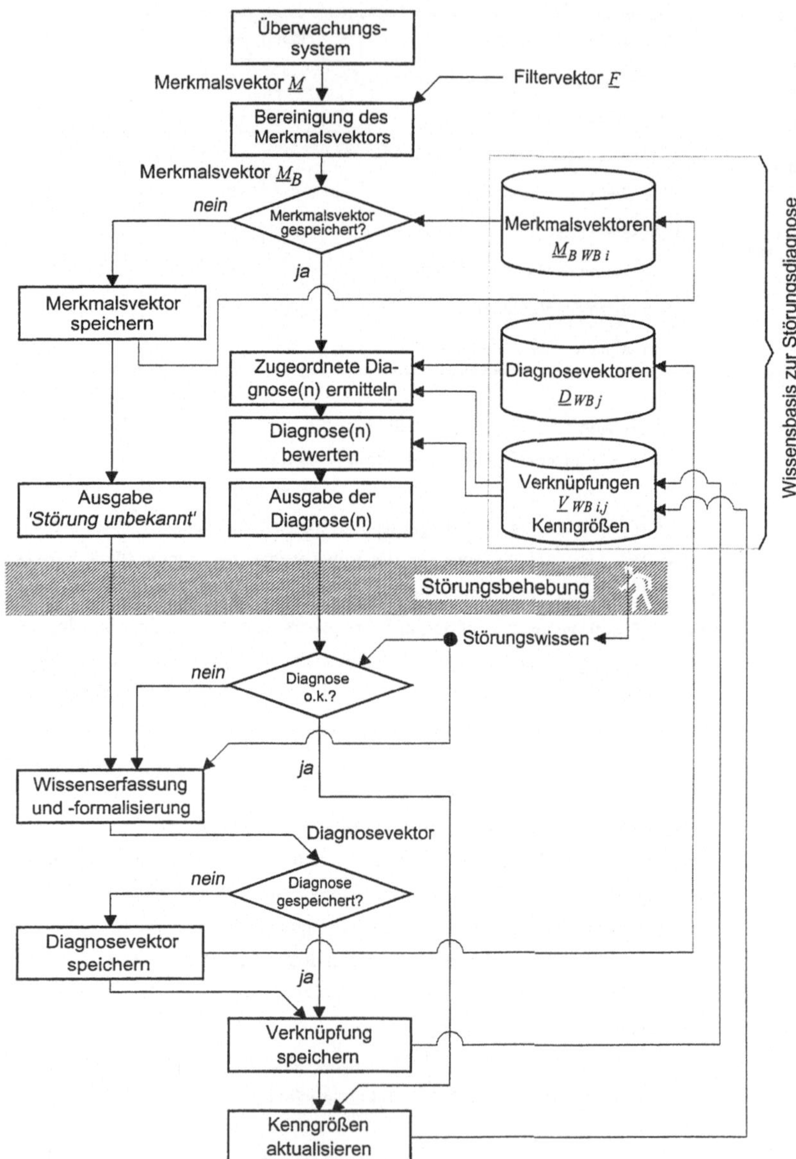

<u>Bild 6.3-1</u>: Erfassung und Handhabung der Symptom-Ursache-Maßnahme-Ver-knüpfungen beim adaptierbaren Diagnosesystem.

Der bei der in <u>Bild 6.3-1</u> dargestellten Wissenserfassung erreichte Detaillierungsgrad des erfaßten Störungswissens und die Zuverlässigkeit bei dessen Erfassung und Formalisierung bestimmen den Umfang und die Richtigkeit der in der Wissensbasis zur Störungsdiagnose gespeicherten Diagnosevektoren. Hierzu erforderliche praxistaugliche Methoden zur Erfassung und Formalisierung von Störungswissen des Betriebs- und Wartungspersonals sind heute nicht verfügbar. Die Verfügbarkeit entsprechender Methoden bildet jedoch eine Vorbedingung für die Realisierung rentabler adaptierbarer Diagnosesysteme.

Gemäß der erarbeiteten Aussage, daß das stetige Hinzufügen neuer Vektoren in der Wissensbasis zur Störungsdiagnose nicht zu einer Verbesserung der Leistungsfähigkeit adaptierbarer Diagnosesysteme führt, ergibt sich neben der Notwendigkeit der Speicherung neuer Vektoren und deren Verknüpfungen auch die Notwendigkeit des Entfernens veralteter Merkmals- und Diagnosevektoren und der zwischen ihnen bestehenden Verknüpfungen. Hierzu sind - wie auch zur Wartung und Pflege der den Verknüpfungen zuzuordnenden Kenngrößen - Methoden zur Wartung und Pflege der Wissensbasis zur Störungsdiagnose zu erarbeiten.

Die Erarbeitung von Methoden zur Wartung und Pflege der Wissensbasis zur Störungsdiagnose bildet den Inhalt des folgenden Kapitels. Auf die Aufgabenstellung der Erfassung und Formalisierung des Störungswissens des Betriebs- und Wartungspersonal wird anschließend in Kapitel 8 eingegangen.

7 Methoden programmbasierten Lernens zur Wartung und Pflege von Fehlerbeschreibungen

Die beim adaptierbaren Diagnosesystem notwendige mittel- und langfristige Nutzung der Fehlerbeschreibungen setzt die Lösung zweier Teilaufgaben voraus:

- Erarbeitung von Methoden zur Bewertung der Verknüpfungen von Merkmals- und Diagnosevektoren mit dem Ziel der Reduzierung der vom Betriebs- und Wartungspersonal aufzuwendenden Zeit für die Störungsbehebung. Zur Bewertung der Verknüpfungen sind geeignete Kenngrößen zu ermitteln.
- Erarbeitung einer Methode zur Erkennung "veralteter" Merkmals- und Diagnosevektoren sowie der zwischen ihnen bestehenden Verknüpfungen mit dem Ziel der langfristigen Sicherung der Leistungsfähigkeit des adaptierbaren Diagnosesystems.

7.1 Methode programmbasierten Lernens zur Bewertung der Verknüpfungen von Merkmals- und Diagnosevektoren

7.1.1 Analyse der Problemstellung

Die Erstellung geeigneter Diagnosemeldungen setzt aufgrund der möglichen Vielzahl der einem aufgetretenen Merkmalsvektor zugeordneten Diagnosevektoren die Bewertung der zwischen dem Merkmals- und den Diagnosevektoren bestehenden Verknüpfungen voraus. Bild 7.1.1-1 zeigt die Problemstellung am Beispiel der bei der Existenz von drei mit einem Merkmalsvektor $\underline{M}_{B\,j}$ verknüpften Diagnosevektoren $\underline{D}_{WB\,1}$, $\underline{D}_{WB\,2}$, $\underline{D}_{WB\,3}$ möglichen Abfolgen der Anzeige der Diagnosevektoren bei der Störungsbehebung .

Die Bestimmung der für die Unterstützung der Störungsbehebung optimalen Abfolge der Anzeige der Diagnosevektoren ist nur bei Verfügbarkeit geeigneter, den Verknüpfungen zugeordneter Kenngrößen möglich. Aufgrund der Zeitvarianz der Problemstellung unterliegen diese Kenngrößen einer zeitlichen Dynamik. Zur notwendigen Anpassung der Kenngrößen an die aktuelle Störungscharakteristik ist eine Methode programmbasierten Lernens zu erarbeiten.

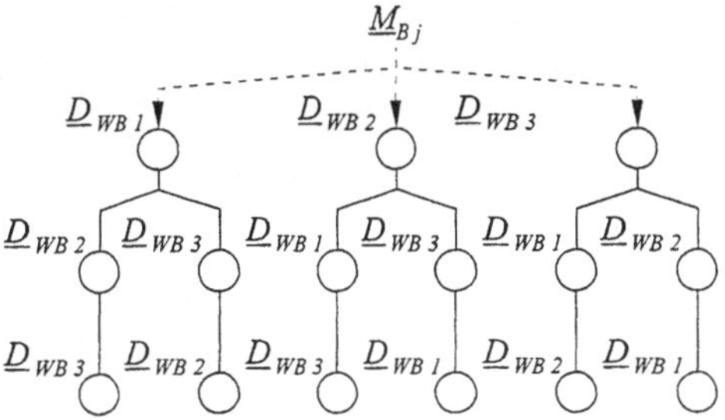

Bild 7.1.1-1: Mögliche Abfolgen der Anzeige der Diagnosevektoren $\underline{D}_{WB\,1}$, $\underline{D}_{WB\,2}$, $\underline{D}_{WB\,3}$.

Die geforderte Störungsvermeidung setzt zudem das Ermitteln von Schwachstellen in den Transferstraßen voraus. Wegen des dezentralen Steuerungskonzepts ist eine über die Bearbeitungseinheit hinausgehende Analyse und Bewertung des lokal erfaßten Störungswissens nur bei dessen gesicherten Vergleichbarkeit möglich. Hierzu sind die den Verknüpfungen zugeordneten Kenngrößen so aufzubereiten, daß sie, wenn man sie einander gegenüberstellt, miteinander vergleichbar sind und so eine bearbeitungseinheitenübergreifende Bewertung der mit den Verknüpfungen verbundenen Diagnosevektoren erlauben.

7.1.2 Ermittlung von Kenngrößen

Sowohl das Auftreten bereinigter Merkmalsvektoren als auch die im Anschluß an die Störungsbehebung erfolgende Bestätigung der Verknüpfungen können als zeitliche Abfolgen von Ereignissen aufgefaßt werden. Neben der Feststellung, ob ein Merkmalsvektor aufgetreten oder eine Verknüpfung bestätigt worden ist, kann bei diesen Punktprozessen lediglich der jeweilige Zeitpunkt der Ereignisse bestimmt werden. Bild 7.1.2-1 veranschaulicht dies am Beispiel des Auftretens des bereinigten Merkmalsvektors $\underline{M}_{B\,WB\,i}$ und der Bestätigung der dem Merkmalsvektor zugeordneten Verknüpfungen $\underline{V}_{WB\,i,1}$, $\underline{V}_{WB\,i,2}$, $\underline{V}_{WB\,i,3}$.

Aus Kenntnis des Zeitpunkts einzelner Ereignisse der dargestellten Punktprozesse können weitere Größen berechnet werden. Eine wichtige Größe bildet hierbei die unmittelbar aus dem Punktprozeß bestimmbare Zeit seit der letzten Bestätigung der Verknüpfung $\underline{V}_{WB\,i,j}$. Sie wird im folgenden als *Ruhezeit* $\tau_{i,j}$ der Verknüpfung $\underline{V}_{WB\,i,j}$ bezeichnet.

Mittels dieser Größen ist jedoch keine Bewertung der in <u>Bild 7.1.1-1</u> dargestellten Abfolgen der Diagnosevektoren möglich. Die für die rasche Störungsbehebung notwendige Bewertung der Abfolgen setzt daher die Ermittlung weiterer, tieferliegender Kenngrößen voraus, die eine Bewertung der Zuverlässigkeit einzelner Diagnosevektoren erlauben.

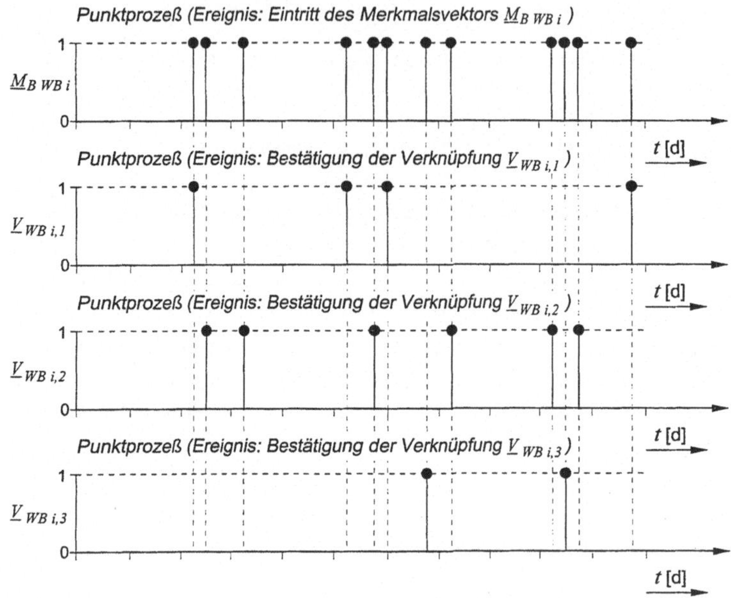

<u>Bild 7.1.2-1:</u> Punktprozesse 'Eintritt des Merkmalsvektors $\underline{M}_{B\,WB\,i}$' und 'Bestätigung der zugeordneten Verknüpfungen $\underline{V}_{WB\,i,1}$, $\underline{V}_{WB\,i,2}$, $\underline{V}_{WB\,i,3}$'.

Für die Unterstützung der Störungsbehebung besitzt die Zuverlässigkeit der Diagnose größte Bedeutung. Sind einem Merkmalsvektor mehrere Verknüpfungen zu Diagnosevektoren zugeordnet, kann die Auswahl einer Diagnose nur im Rahmen einer gewissen Wahrscheinlichkeit erfolgen. Entsprechend wird im folgenden die Wahrscheinlichkeit, daß die Wahl der Verknüpfung $\underline{V}_{WB\,i,j}$ zu einer erfolgreichen Störungsbehebung führt, als *Erfolgswahrscheinlichkeit $p_{i,j}$* der Verknüpfung $\underline{V}_{WB\,i,j}$ bezeichnet.

Die Erfolgswahrscheinlichkeit $p_{i,j}$ ist nicht direkt aus dem Punktprozeß bestimmbar. Sie kann jedoch aus dem Verhältnis der Anzahl der Bestätigungen der Verknüpfung $\underline{V}_{WB\,i,j}$ zur Anzahl der erfolgten Bestätigungen aller dem Merkmalsvektor $\underline{M}_{B\,WB\,i}$ zugeordneten

Verknüpfungen leicht berechnet werden. Die Berechnung der Erfolgswahrscheinlichkeit $p_{i,j}$ setzt hierzu jedoch eine langfristige Erfassung der Anzahl von Bestätigungen aller Verknüpfungen $\underline{V}_{WB\,i,j}$ voraus.

Neben der Erfolgswahrscheinlichkeit wird vor dem Hintergrund der Existenz nicht zur Störungsbehebung führender Diagnosen die unterstützende Wirkung der mittels der jeweiligen Verknüpfung erstellten Diagnose von der zur Validierung der Diagnose notwendigen Zeit bestimmt. Diese Zeit wird im folgenden als *Validierungszeit* $T_{i,j}$ der Verknüpfung $\underline{V}_{WB\,i,j}$ bezeichnet. Der Quotient aus Erfolgswahrscheinlichkeit $p_{i,j}$ und Validierungszeit $T_{i,j}$ kann als *Erfolgsdichte* $\sigma_{i,j}$ der Verknüpfung $\underline{V}_{WB\,i,j}$ aufgefaßt werden. Die Summe der Validierungszeiten bei der Störungsbehebung entspricht hierbei der Zeit für die Störungslokalisierung.

Die Bestimmung der Validierungszeit ist aufgrund der in der betrieblichen Praxis weder vom Unternehmen noch vom Betriebs- und Wartungspersonal akzeptierten manuellen Bestätigung des Abschlusses eines Validierungsvorgangs nicht möglich. Eine im Rahmen dieser Arbeit durchgeführte Befragung des Betriebspersonals ergab jedoch, daß bei den vom Betriebspersonal rasch zu behebenden Störungen von einer für alle Verknüpfungen ähnlichen Validierungszeit ausgegangen werden kann.

Der hieraus folgende Zusammenhang von Erfolgsdichte und Erfolgswahrscheinlichkeit erlaubt die Berechnung der Erwartungswerte der Zeit bis zur erfolgreichen Validierung einer Diagnose für alle möglichen Abfolgen der Anzeige der mit einem Merkmalsvektor verknüpften Diagnosevektoren. Hierbei kann gezeigt werden, daß eine Abfolge entsprechend der Abnahme deren Erfolgsdichte zu dem minimalen Wert der Zeit für die Störungsbehebung führt.

7.1.3 Bestimmung der Kenngrößen

Die zur Berechnung der Erfolgswahrscheinlichkeit notwendige langfristige Erfassung der Anzahl von Bestätigungen führt auf eine Mittelwertbildung der in einem Zeitraum erfolgten Bestätigungen der Verknüpfungen. Dieses Vorgehen kann mit einer Transformation der Punktprozesse in *Zeitreihen* gleichgesetzt werden. Ein in einer Zeitreihe abgebildeter Prozeß heißt *stationär*, wenn seine Statistik nicht von der Zeitverschiebung abhängt. Andernfalls heißt er *instationär*.

7.1.3.1 Transformation von Punktprozessen in Zeitreihen

Mittelwertbildungen bei Zeitreihen können stets in der Form

$$X(t) = \sum_{i=1}^{N_E} G(t_0 - t_i) \qquad\qquad (7.1.3.1\text{-}1)$$

dargestellt werden kann. Hierbei repräsentiert $X(t)$ den Mittelwert über N_E berücksichtigte Ereignisse. Anschaulich kann $X(t)$ als mittlere Dichte der Ereignisse innerhalb eines Zeitintervalls aufgefaßt werden. Die Gewichtsfunktion $G(t)$ bestimmt das *Gewicht* der Ereignisse bei der Mittelwertbildung.

Liegt der Mittelwertbildung ein endliches Zeitintervall zugrunde, das über die Zeitachse bewegt wird, stellt $X(t)$ eine Funktion der Zeit dar. Auf diese Weise berechnete Mittelwerte werden als *gleitende Mittelwerte* bezeichnet. Bei instationären Prozessen hängt der berechnete Mittelwert sowohl von der Verteilung der Ereignisse als auch von der Intervalldauer ab. Die Bestimmung der Intervalldauer setzt daher erhebliches A-Priori-Wissen über den zugrundeliegenden Prozeß voraus.

Durch Änderungen der Gewichtsfunktion $G(t)$ kann diesem Nachteil zum Teil begegnet werden [82]. Hierbei treten neben der *gleitenden Gewichtung* die in <u>Bild 7.1.3.1-1</u> dargestellte *summierte Gewichtung* und die *gleitende exponentielle Gewichtung* in Erscheinung. <u>Tabelle 7.1.3.1-1</u> stellt die Gewichtsfunktionen im Hinblick auf ihre Eignung für die Bestimmung der Kenngrößen beim adaptierbaren Diagnosesystem gegenüber.

Aufgrund der Zeitvarianz der zugrundeliegenden Punktprozesse und der geringen Verfügbarkeit von A-Priori-Wissen über deren Verhalten erweist sich einzig die gleitende exponentielle Gewichtung als zur Mittelwertbildung beim adaptierbaren Diagnosesystem geeignet. Gemäß deren in <u>Tabelle 7.1.3.1-1</u> dargestellten Eigenschaften ist jedoch neben der Anpassung der Gewichtsfunktion auf der Grundlage von A-Priori-Wissen eine Methode zur Vereinfachung der Berechnung des Mittelwerts zu erarbeiten.

7.1.3.2 Gleitende exponentielle Gewichtung

Grundlage der gleitenden exponentiellen Gewichtung ist die exponentielle Abnahme des Gewichts $G(t_0\text{-}t_i)$ eines Ereignisses mit der Zeit, die stets in der Form

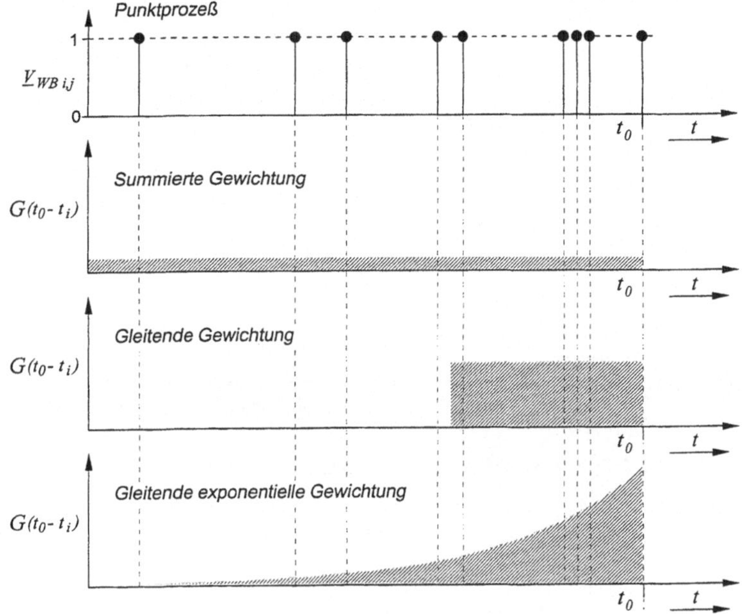

<u>Bild 7.1.3.1-1:</u>   Gewichtungsfunktion $G(t_0\text{-}t_i)$ bei der summierten, gleitenden und gleitenden exponentiellen Gewichtung.

$$G(t_0 - t_i) = G_0 \cdot e^{-\lambda \cdot (t_0 - t_i)} \qquad (7.1.3.2\text{-}1)$$

dargestellt werden kann. Die hierbei auftretende Größe λ kann als *Zerfallskonstante* aufgefaßt werden. Anschaulich beschreibt die Zerfallskonstante, wie rasch ein Ereignis an Bedeutung bei der Berechnung des gleitenden Mittelwerts verliert.

Bei stationären Punktprozessen kann die Berechnung des gleitenden Mittelwerts auf die Differentialgleichung

$$\dot{X}(t) = R - \lambda \cdot X(t) \qquad (7.1.3.2\text{-}2)$$

zurückgeführt werden. Hierbei gibt die zeitinvariante Rate R die Anzahl der pro Zeiteinheit auftretenden Ereignisse an. Unter Berücksichtigung der Randbedingung $X(0) = X_0$ lautet die Lösung der Differentialgleichung *(7.1.3.2-2)*:

	Summierte Gewichtung	Gleitende Gewichtung	Gleitende exp. Gewichtung
Fähigkeit zur Anpassung bei zeitvariantem Punktprozeß	○	●	●
Erforderliches A-Priori-Wissen bei zeitvariantem Punktprozeß	●	○	◐
Erreichbare Stabilität gegen nichtmonotones Schließen	◐	○	●
Erforderlicher Bedarf an Speicher und Rechenleistung	●	◐	○

●   gut   ◐   mittel   ○   schlecht

Tabelle 7.1.3.1-1: Eigenschaften von Gewichtsfunktionen bei der Bestimmung von Kenngrößen beim adaptierbaren Diagnosesystem.

$$X(t) = X_0 \cdot e^{-\lambda \cdot t} + \frac{R}{\lambda} \cdot (1 - e^{-\lambda \cdot t}) \qquad (7.1.3.2\text{-}3)$$

Ausgehend von dem Anfangswert $X(0) = X_0$ strebt der gleitende Mittelwert dem aus Gleichung *(7.1.3.2-3)* bestimmbaren Grenzwert X_∞ zu:

$$X_\infty = \lim_{t \to \infty} X(t) = \frac{R}{\lambda} \qquad (7.1.3.2\text{-}4)$$

Die Zeit, nach der $X(t)$ ausgehend von $X(0) = 0$ auf die Hälfte von X_∞ angestiegen ist, wird im folgenden als *Halbwertszeit* $T_{1/2}$ bezeichnet. Sie stellt eine bedeutende Größe bei der gleitenden exponentiellen Gewichtung dar:

$$T_{1/2} = \frac{\ln 2}{\lambda} \qquad (7.1.3.2\text{-}5)$$

Der nach Gleichung *(7.1.3.2-3)* berechnete gleitende Mittelwert bildet eine unanschauliche und daher in der betrieblichen Praxis nur schwer zu vermittelnde Größe. Von Interesse ist vielmehr die in der Rate R implizit enthaltene Information über das Auftreten der Ereignisse. Die entsprechende Information kann nach einer Normierung des nach Gleichung *(7.1.3.2-3)* berechneten gleitenden Mittelwerts auf einen stationären Punktprozeß der Rate $R = 1$ gewonnen werden. Der so berechnete Wert wird im folgenden als *normierter gleitender Mittelwert* $X_N(t)$ bezeichnet. Für konstantes R gilt stets:

$$\lim_{t \to \infty} X_N(t) = R \qquad\qquad (7.1.3.2\text{-}6)$$

Setzt man die in Gleichung *(7.1.3.2-3)* gegebene Lösung der Differentialgleichung *(7.1.3.2-2)* stückweise stetig zusammen, so kann sie auf instationäre Punktprozesse übertragen werden. Hierbei folgt der normierte gleitende Mittelwert einer Änderung der Rate R mit zeitlicher Verzögerung nach. Anschaulich gesprochen wird die Vergangenheit des Punktprozesses erst nach und nach "vergessen". Bild 7.1.3.2-1 veranschaulicht das Verhalten am Beispiel des normierten gleitenden Mittelwerts $X_N(t)$ eines Punktprozesses bei mehrfachen Änderungen der Rate R.

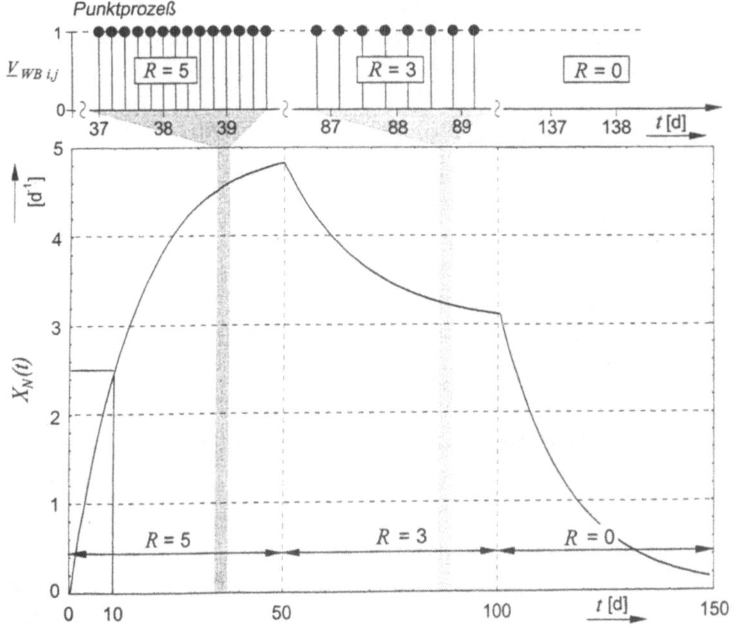

Bild 7.1.3.2-1: $X_N(t)$ bei instationärer Rate R ($X_N(0) = 0$; $T_{1/2} = 10$ d).

Aufgrund der in Maschinensteuerungs- und Zellenebene begrenzten Rechenleistung ist in der Praxis die dem Bild 7.1.3.2-1 zugrundeliegende kontinuierliche Berechnung des normierten gleitenden Mittelwerts nicht möglich. Die einzig praktikable Alternative ist dessen periodische Neuberechnung in vorgegebenem zeitlichen Abstand. Hierbei tritt die im folgenden mit T_N bezeichnete *Zeit zwischen zwei Neuberechnungen* in Erscheinung.

7.1.3.3 Einfluß der Parameter Halbwertszeit und der Zeit zwischen Neuberechnungen

Es kann gezeigt werden, daß Gleichung *(7.1.3.2-3)* bei periodischer Berechnung in guter Näherung in die rekursive Form

$$X_I(t) = (1 - \gamma) \cdot N_{E\left[t\,;\,t-T_N\right]} + \gamma \cdot X_I(t - T_N) \qquad (7.1.3.3-1)$$

überführt werden kann. Der nach Gleichung (7.1.3.3.-1) rekursiv berechnete gleitende Mittelwert wird im folgenden in Abgrenzung zu *X(t)* als *$X_I(t)$* bezeichnet. Neben der geringen benötigten Rechenleistung liegt der wesentliche Vorteil der rekursiven Berechnung in dem Entfallen der Notwendigkeit der langfristigen Speicherung einer Vielzahl von Ereignissen.

Bei der rekursiven Berechnung tritt der *Multiplikationsfaktor* γ neu in Erscheinung. Er wird von der Zeit zwischen zwei Neuberechnung T_N und der Halbwertszeit $T_{1/2}$ bestimmt:

$$\gamma = e^{-\dfrac{T_N \cdot \ln 2}{T_{1/2}}} \qquad (7.1.3.3-2)$$

Wie auch bei der kontinuierlichen Berechnung ist in der Praxis die Normierung des rekursiv berechneten gleitenden Mittelwerts auf den Grenzwert

$$X_{I\infty} = \frac{\gamma}{1 - \gamma} \qquad (7.1.3.3-3)$$

sinnvoll. Er erlaubt die Berechnung des normierten gewichteten gleitenden Mittelwerts $X_{NI}(t)$:

$$X_{NI}(t) = \frac{\gamma}{1 - \gamma} \cdot X_I(t) \qquad (7.1.3.3-4)$$

Mit der Gleichung *(7.1.3.3-4)* steht nunmehr eine geeignete Methode zur Berechnung des gleitenden Mittelwerts der erfolgten Bestätigungen der Verknüpfungen $\underline{V}_{WB\,i,j}$ und zur Ermittlung der den Verknüpfungen zugeordneten Erfolgswahrscheinlichkeiten $p_{i,j}$ zur Verfügung.

Wegen der linearen Abhängigkeit $X_{I\infty} \sim N_{E\left[t\,;\,t-T_N\right]}$ ist sowohl ein direkter Vergleich einzelner gleitender Mittelwerte als auch ein Vergleich aufsummierter gleitender Mittelwerte zulässig. Hierbei entspricht der im folgenden durch den Term $X_{NI\,\underline{SV}\,i,j}(t)$ dargestellte summierte gleitende Mittelwert der mittleren Anzahl pro Zeiteinheit an den Bearbeitungseinheiten bestätigter Verknüpfungen $\underline{V}_{WB\,i,j}$. Aufgrund seiner Proportionalität zur

Anzahl der an den Bearbeitungseinheiten aufgetretenen Störungen macht er eine transferstraßenübergreifende Bewertung verschiedener Bearbeitungseinheiten möglich und bildet somit die Grundlage einer umfassenden Schwachstellenanalyse bei Fertigungslinien aus Transferstraßen.

Eine erfolgreiche Nutzung der erarbeiteten Vorgehensweisen setzt jedoch zunächst eine Anpassung der Parameter Halbwertszeit und Zeit zwischen zwei Neuberechnungen voraus.

7.1.3.4   Bestimmung der Halbwertszeit

Aufgrund ihres hohen Einflusses auf den Betrag und den Verlauf des nach Gleichung *(7.1.3.3-4)* berechneten gleitenden Mittelwerts ist zur Bestimmung der optimalen Halbwertszeit A-Priori-Wissen über die mittlere Zwischenereigniszeit der Punktprozesse erforderlich. <u>Bild 7.1.3.4-1</u> verdeutlicht den Einfluß der Halbwertszeit auf den gleitenden Mittelwert.

Gemäß des in <u>Bild 7.1.3.4-1</u> gezeigten Einflusses der Halbwertszeit erfordert die angestrebte Vermeidung starker Schwankungen des gleitenden Mittelwerts eine Halbwertszeit im Bereich des Mehrfachen der mittleren Zwischenereigniszeit. Andererseits nimmt die ebenfalls notwendige Fähigkeit zur Anpassung an Änderungen der mittleren Zwischenereigniszeit mit zunehmender Halbwertszeit rasch ab.

Nach der in <u>Bild 3.1.3-3</u> dargestellten Analyse der Zwischenereigniszeit von Störungen an Bearbeitungseinheiten bei Transferstraßen kann im Mittel von einer Zwischenereigniszeit von deutlich unter zwei Tagen ausgegangen werden. Entsprechend dieses A-Priori-Wissens wird im folgenden die Halbwertszeit auf zehn Tage festgelegt.

In sehr guter Näherung gilt, daß nach rund 10 Halbwertszeiten der exponentiell gewichtete gleitende Mittelwert bei einem Ausbleiben der Ereignisse auf ein Tausendstel des Startwerts abgenommen hat. Hieraus resultiert die zu erwartende Zeit bis zum Absinken einer im Zuge einer Umbaumaßnahme einer Bearbeitungseinheit ungültig gewordenen Verknüpfung bis zur Bedeutungslosigkeit von rund 3 Monaten[1].

---

[1]   Dieses Verhalten ist auch bei dem Vorgehen zur Störungsbehebung beim Betriebs- und Wartungspersonal zu finden: Geänderte Zusammenhänge werden erst nach und nach gelernt und veraltetes Wissen sukzessive durch neues Wissen ersetzt. In dieser Zeit des Lernens "errechnet" sowohl das Betriebs- und Wartungspersonal als auch das adaptierbare Diagnosesystem aus den vorliegenden Daten stets das

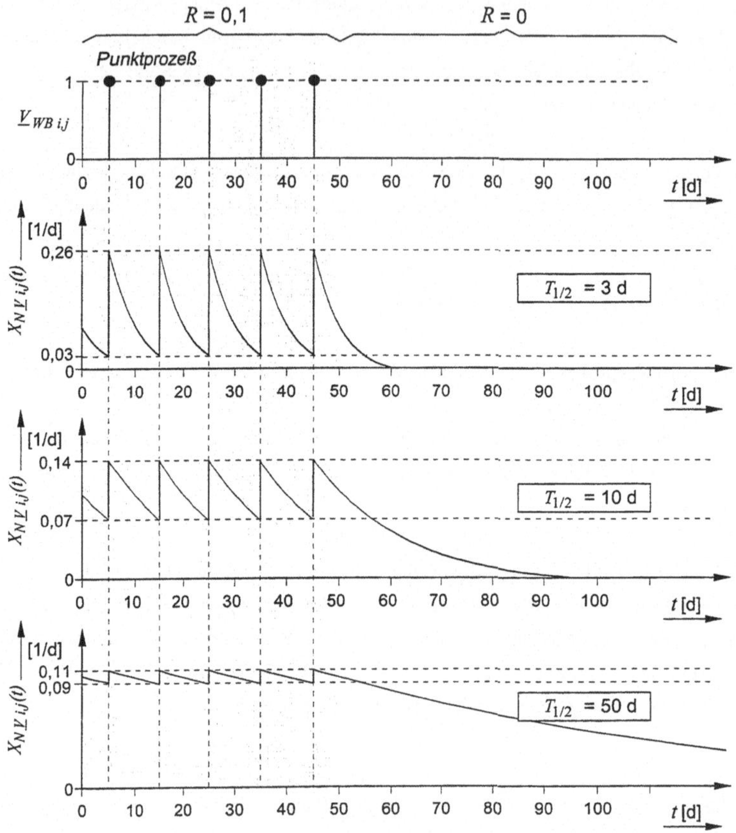

Bild 7.1.3.4-1: $X_{N\,\underline{V}\,i,j}$ (t) in Abhängigkeit von der Halbwertszeit $T_{1/2}$ bei einer Änderung der Rate R.

7.1.3.5 Bestimmung der Zeit zwischen Neuberechnungen

Neben der Halbwertszeit $T_{1/2}$ besitzt die Zeit zwischen zwei Neuberechnungen T_N aufgrund der mit der periodischen Berechnung des gleitenden Mittelwerts verbundenen

---

bestmögliche, jedoch nicht zwangsläufig fehlerfreie Ergebnis. Die hier zu Tage tretende Problematik der Möglichkeit fehlerhafter Schlüsse bei unvollständigen oder fehlerhaften Daten nimmt in der Statistik breiten Raum ein. Umfassende Darstellungen hierzu finden sich z.B. in [83,84,85,86].

unvermeidbaren Fehler Einfluß auf die Berechnung der Erfolgswahrscheinlichkeit und somit auf die Leistungsfähigkeit des adaptierbaren Diagnosesystems. <u>Bild 7.1.3.5-1</u> verdeutlicht die Problematik.

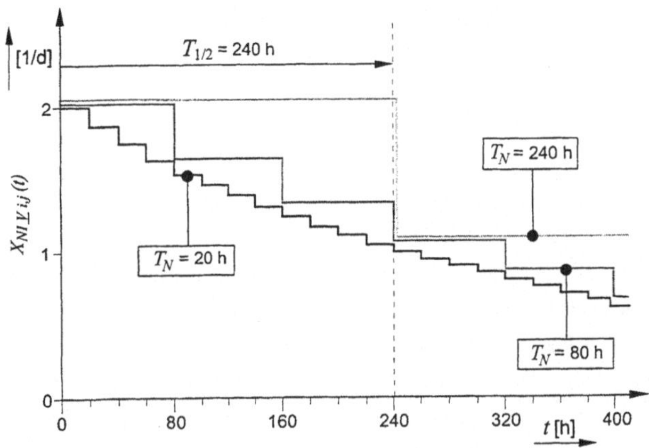

<u>Bild 7.1.3.5-1:</u>   Einfluß der Zeit zwischen zwei Neuberechnungen T_N auf $X_{NI\,\underline{V}i,j}$ (t).

Im Bild dargestellt ist der nach Gleichung *(7.1.3.3-4)* berechnete gleitende Mittelwert $X_{NI\,\underline{V}i,j}(t)$ für verschiedene Werte von T_N bei der vorgegebenen Halbwertszeit $T_{1/2}$ = 10 Tage.

Infolge des Zusammenhangs von T_N und $X_{NI\,\underline{V}i,j}(t)$ nimmt mit zunehmendem T_N die Abweichung des nach Gleichung *(7.1.3.3-4)* berechneten gleitenden Mittelwerts $X_{NI\,\underline{V}i,j}(t)$ von dem aufbauend auf Gleichung *(7.1.3.2-3)* berechneten gleitenden Mittelwert $X_{N\,\underline{V}i,j}(t)$ rasch zu. Die im Mittel über das Zeitintervall T_N bezogen auf den gleitenden Mittelwert $X_{N\,\underline{V}i,j}(t)$ zu erwartende Abweichung wird im folgenden *mittlerer Fehler $X_{NI\,F}$ (T_N)* genannt. Es gilt:

$$X_{NI\,F}(T_N) = \frac{\int_t^{t+T_N} X_{NI\,\underline{V}\,i,j}(t)\,dt}{\int_t^{t+T_N} X_{N\,\underline{V}\,i,j}(t)\,dt} \qquad (7.1.3.5\text{-}1)$$

Einerseits ist aufgrund der Zunahme von $X_{NI\,F}$ (T_N) mit T_N eine kurze Zeit zwischen zwei Neuberechnungen anzustreben, andererseits schränkt die verfügbare Rechenleistung die erreichbare Zeit zwischen zwei Neuberechnungen nach unten ein. Für das adaptierbare

Diagnosesystem ist daher ein Kompromiß zu finden. Dies setzt zunächst eine detaillierte Bestimmung des mittleren Fehlers $X_{NI\,F}\,(T_N)$ in Abhängigkeit der Zeit zwischen zwei Neuberechnungen T_N unter der Nebenbedingung $T_{1/2} = 10$ d voraus. Tabelle 7.1.3.5-1 gibt beispielhaft den nichtlinearen Zusammenhang von $X_{NI\,F}\,(T_N)$ und T_N für ausgewählte Werte von T_N.

T_N [h]	1	2	6	12	24	48
$X_{NI\,F}\,(T_N)$ [%]	0,1	0,2	0,9	1,8	3,6	7,4

Tabelle 7.1.3.5-1:   Mittlerer Fehler $X_{NI\,F}\,(T_N)$ als Funktion von T_N ($T_{1/2} = 10$ d).

Neben der in Bild 7.1.3.5-1 gezeigten Problematik kann der aus Gleichung *(7.1.3.3-4)* folgende Sachverhalt, daß eine erfolgte Bestätigung einer Verknüpfung sich erst nach einer Neuberechnung in dem gleitenden Mittelwert niederschlägt, zu einer fehlerhaften Bewertung bestehender Verknüpfungen führen. Der Grund hierfür liegt in dem Umstand, daß die Information, zu welchem Zeitpunkt innerhalb des von T_N bestimmten Intervalls $[t;\ t\text{-}T_N]$ das Ereignis aufgetreten ist, nicht berücksichtigt werden kann. Bild 7.1.3.5-2 veranschaulicht dies.

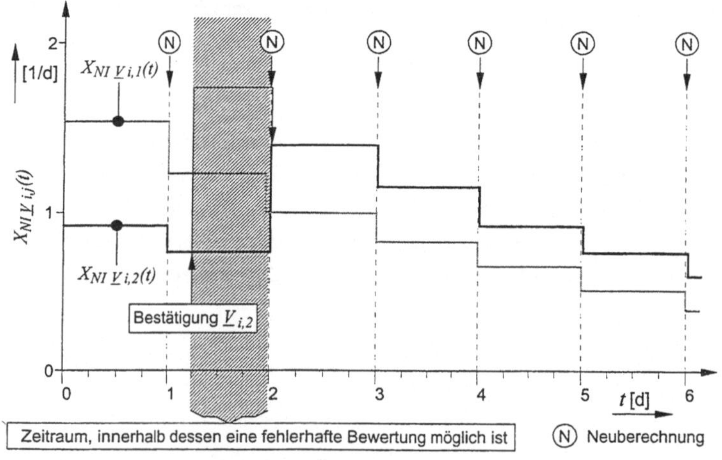

Bild 7.1.3.5-2: $X_{NI\,\underline{V}\,i,j}(t)$ für zwei Verknüpfungen $\underline{V}_{i,1}$ und $\underline{V}_{i,2}$ ($T_{1/2} = 10$ d, $T_N = 24$ h).

Solche fehlerhaften Bewertungen sind möglich, wenn einem Merkmalsvektor zwei oder mehr Verknüpfungen mit einem geringen gleitenden Mittelwert zugeordnet sind und der Merkmalsvektor innerhalb der Zeit zwischen zwei Neuberechnungen mehrfach auftritt. Die Wahrscheinlichkeit, daß eine fehlerhafte Bewertung eintritt, wächst hierbei mit der Zunahme der Zeit zwischen zwei Neuberechnungen rasch an.

Entsprechend der resultierenden Forderung, die Zeit zwischen zwei Neuberechnungen auf Werte weit unterhalb der Halbwertszeit zu begrenzen, wird in dieser Arbeit die Zeit zwischen zwei Neuberechnungen auf 24 Stunden festgelegt. Neben den genannten Gründen war hierfür ausschlaggebend, auf diese Weise die kurzzeitig mit hohem Rechenaufwand verbundene Neuberechnung aller gleitenden Mittelwerte stets außerhalb der Produktionszeit durchführen zu können.

7.2 Methode programmbasierten Lernens zur Wartung der Verknüpfungen von Merkmals- und Diagnosevektoren

7.2.1 Bestimmung der Anzahl zu speichernder Verknüpfungen

Im Zuge von Umbauten der Bearbeitungseinheiten oder Änderungen der Ablaufprogramme verlieren gespeicherte Verknüpfungen ihre Gültigkeit und treten bei der Wissenserfassung nicht mehr in Erscheinung. Die zur Bewertung der Verknüpfungen genutzten gleitenden Mittelwerte der Anzahl erfolgter Bestätigungen nehmen in diesen Fällen zwar exponentiell ab, erreichen jedoch niemals den Wert Null. Die Verknüpfungen bleiben daher unbefristet gespeichert. Gleiches gilt für die gespeicherten Merkmals- und Diagnosevektoren. Aufgrund der nach solchen Eingriffen an den Bearbeitungseinheiten neu in Erscheinung tretenden Merkmals- und Diagnosevektoren sowie den neuen Verknüpfungen nimmt deren Anzahl in der Wissensbasis zur Störungsdiagnose rasch zu und führt zu einem Anwachsen der Anzahl bei einem Störungseintritt auftretender alternativer Diagnosen.

Zur Aufrechterhaltung der Leistungsfähigkeit adaptierbarer Diagnosesysteme ist daher eine Begrenzung der Anzahl der zwischen den Merkmals- und den Diagnosevektoren bestehenden Verknüpfungen notwendig. Hierbei ist sicherzustellen, daß alle gültigen Merkmals- und Diagnosevektoren sowie die zwischen ihnen bestehenden Verknüpfungen in der Wissensbasis zur Störungsdiagnose gespeichert werden können. Das

Festlegen der Anzahl zulässiger Verknüpfungen sowie der Merkmals- und Diagnosevektoren setzt daher in der Praxis erhebliches A-Priori-Wissen über die Eigenschaften der auftretenden Störungen voraus.

Entsprechendes Wissen hierzu kann der im Rahmen dieser Arbeit erfolgten Analyse der Entwicklung der Anzahl erstmals aufgetretener Störungen entnommen werden: Vor dem Hintergrund nur weniger Umbauten an den Bearbeitungseinheiten oder Änderungen der Ablaufprogramme während der Lebensdauer der Transferstraßen erweist sich gemäß der in Bild 3.1.3-1 und 3.1.3-2 dargestellten Anzahl erstmals aufgetretener Diagnosemeldungen eine Speicherung von unter 200 Verknüpfungen je Bearbeitungseinheit als richtig.

7.2.2　Ermittlung ungültiger Verknüpfungen

Die Begrenzung der Anzahl zu speichernder Verknüpfungen macht das Erkennen der nach Umbauten an den Bearbeitungseinheiten oder Änderungen der Ablaufprogramme ungültiger und nachfolgend zu löschender Verknüpfungen und der den Verknüpfungen zugeordneten Merkmals- und Diagnosevektoren notwendig. Aufgrund der prinzipiellen Unmöglichkeit, das sich in der Zukunft einstellende Verhalten einer Bearbeitungseinheit zu ermitteln, ist eine solche Erkennung nur im Rahmen einer verbleibenden Unsicherheit möglich.

Probleme resultieren hierbei aus dem Umstand, daß Umbauten an Bearbeitungseinheiten oder Änderungen der Ablaufprogramme genau solche Störungsursachen zu vermeiden versuchen, die häufig zu Störungen an den Bearbeitungseinheiten führen. Die mit solchen Störungen verbundenen Verknüpfungen besitzen einen hohen gleitenden Mittelwert, der nach Abschluß der Umbauten erst nach und nach abnimmt.

Während der ersten Wochen nach Umbauten weisen entsprechende Verknüpfungen daher einen unzutreffend hohen gleitenden Mittelwert auf. Eine Entscheidung, welche der gespeicherten Verknüpfungen ihre Gültigkeit eingebüßt haben, kann daher nicht aus Kenntnis der gleitenden Mittelwerte der Verknüpfungen abgeleitet werden. In diesen Fällen muß auf die Ruhezeiten der Verknüpfungen zurückgegriffen werden. Anschaulich gesprochen besitzt der vor einem Umbau der Bearbeitungseinheit oder einer Änderung des Ablaufprogramms erreichte gleitende Mittelwert einer Verknüpfung - im Gegensatz zur Ruhezeit der Verknüpfung - keine Aussagekraft mehr für die Zeit danach.

Zu löschen sind somit stets jene Verknüpfungen, die die höchste Ruhezeit aufweisen. Bild 7.2.2-1 verdeutlicht den Sachverhalt.

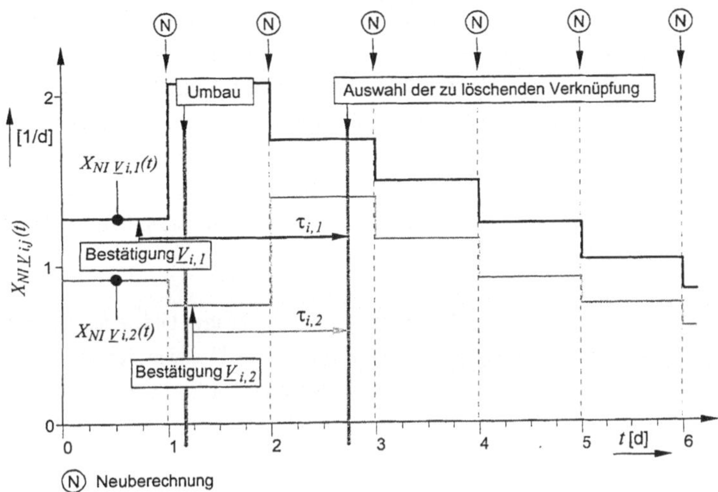

Bild 7.2.2-1: $X_{NI\,\underline{V}i,j}(t)$ und Ruhezeit $\tau_{i,j}$ für zwei Verknüpfungen $\underline{V}_{i,1}$ und $\underline{V}_{i,2}$ ($T_{1/2}$=10d, T_N=1d).

Die im vorliegenden Kapitel erarbeiteten Methoden programmbasierten Lernens zur Bewertung und Wartung der Verknüpfungen von Merkmals- und Diagnosevektoren ermöglichen kurz-, mittel- und langfristig eine hohe Zuverlässigkeit der nach einem Störungseintritt mittels des adaptierbaren Diagnosesystems automatisch erstellten Diagnosemeldungen. Sie bilden eine unverzichtbare Voraussetzung zur Reduzierung der vom Betriebs- und Wartungspersonal aufzuwendenden Zeit für die Störungsbehebung.

Gemäß des in Bild 5.1-1 gegebenen Kontext des adaptierbaren Diagnosesystems verbleibt als Problemstellung die Erarbeitung einer Methode zur schnellen und eindeutigen Erfassung und Formalisierung des Störungswissens des Betriebs- und Wartungspersonals ohne Wissensingenieur.

8   Erfassung und Formalisierung von Störungswissen

Als entscheidend für die Leistungsfähigkeit des adaptierbaren Diagnosesystems erweist sich die Leistungsfähigkeit der Komponente zur Wissensakquisition. Sie bildet die Schnittstelle zwischen dem Störungswissen des Betriebs- und Wartungspersonals und dessen mittels Programmen beherrschbarer Repräsentation in der Wissensbasis zur Störungsdiagnose. Unzulänglichkeiten bei der Wissenserfassung und -formalisierung schlagen sich in Form einer Vielzahl nicht zur Unterstützung der Störungsbehebung geeigneter Verknüpfungen von Merkmals- und Diagnosevektoren in der Wissensbasis zur Störungsdiagnose nieder und schränken die Leistungsfähigkeit des adaptierbaren Diagnosesystems kurz-, mittel- und langfristig stark ein.

Entsprechend der in Tabelle 4.3.4-2 gegebenen Fragestellungen bilden das Erfassen und Formalisieren von Störungsort (*Wo?*) und -ursache (*Was?*) sowie der Maßnahme zur Störungsbehebung (*Wie?*) die Aufgaben der Komponente zur Wissensakquisition.

8.1   Analyse der Problemstellung

Das Erfassen und Formalisieren von Störungswissen des Betriebs- und Wartungspersonals stellen bis heute die ausschlaggebenden Hindernisse für den Einsatz adaptierbarer Diagnosesysteme in der Praxis dar. Vorliegende Lösungsansätze sind auf wenige ausgewählte Anwendungen mit Forschungscharakter beschränkt [44,57].

Infolge ihrer hohen Bedeutung für die Leistungsfähigkeit adaptierbarer Diagnosesysteme bestehen eine Vielzahl gleichzeitig zu erfüllender Anforderungen an die Methoden zur Wissenserfassung und -formalisierung:

- *Erfaßbarkeit von Wissen.* Unter *Erfaßbarkeit* wird die Fähigkeit verstanden, das Störungswissen des Betriebs- und Wartungspersonals bei der Wissensakquisition ohne Verlust von Information in Daten wandeln und speichern zu können.
- *Formalisierbarkeit* des erfaßten Wissens. Der Begriff *Formalisierbarkeit* bezeichnet die Fähigkeit, bei der Wissensakquisition erfaßtes Wissen in eine informationstechnische Repräsentation umwandeln zu können, die eine programmbasierte Weiterverarbeitung (z.B. zum Zweck der Schwachstellenanalyse) ermöglicht.

- *Reproduzierbarkeit.* *Reproduzierbarkeit* bezeichnet das Vermögen der Komponente zur Wissensakquisition, identisches Störungswissen unabhängig vom Zeitpunkt der Eingabe und von dem die Eingabe durchführenden Mitarbeiter des Betriebs- und Wartungspersonals in eine in Inhalt und Form identische informationstechnische Repräsentation zu überführen.

- *Zeitaufwand für die Erfassung.* Gemäß der negativen Erfahrungen mit tiefen wissensbasierten Systemen erweist sich die Forderung nach einem geringen notwendigen Zeitaufwand für die Erfassung des Störungswissen als wichtige Forderung zur Erlangung von Akzeptanz und Rentabilität des adaptierbaren Diagnosesystems.

- *Erfassungs- und Modellierungsaufwand.* Bis auf wenige Ausnahmen setzt die Erfassung und mehr noch die Formalisierung von Störungswissen einen Zugriff auf physische oder funktionale Modelle oder Regelwerke voraus. Der Aufwand für die Erfassung und Modellierung des hierzu notwendigen Wissens bildet eine wichtige Einflußgröße für die Rentabilität des adaptierbaren Diagnosesystems.

- *Aufwand für Wartung und Pflege.* Finden bei der Wissenserfassung und -formalisierung Modelle oder Regelwerke Verwendung, so machen Umbauten an den Bearbeitungseinheiten oder Änderungen der Ablaufprogamme deren Wartung und Pflege unabdingbar. Hierbei treten erneut Kosten in Erscheinung, die bereits bei der Beschaffung adaptierbarer Diagnosesysteme berücksichtigt werden müssen.

Aufgrund der zunehmenden Verfügbarkeit von Rechnern in den Bearbeitungseinheiten sind heute eine Vielzahl verschiedener alternativer Methoden zur Wissenserfassung und -formalisierung realisierbar. Sie können gemäß der ihnen zugrundeliegenden Vorgehensweisen einer der drei im folgenden dargestellten Klassen zugeordnet werden:

Freie Eingabe. Die Eingaben erfolgen mittels Tastatur als freie, z.T. umfangreiche Klartexteingaben. Neben der Ursache und Maßnahme der Störung können eine Vielzahl weiterer Informationen erfaßt und gespeichert werden. Die Wissenserfassung und -formalisierung mittels Programmen setzt dabei stets eine Begrenzung der Kommunikation zwischen dem Betriebs- und Wartungspersonal und dem adaptierbarem Diagnosesystem auf eine einfache, mittels Programmen beherrschbare 'Grammatik' und einen einfachen 'Wortschatz' voraus. Trotz dieser Beschränkungen, die sich negativ auf die Erfaßbarkeit des Wissens auswirken, ist die Leistungsfähigkeit der heute verfügbaren Programme zur Erfassung und Formalisierung des Störungswissens völlig ungenügend.

Auswahl aus Alternativen. Grundlage dieses Vorgehens bilden im Vorfeld vom Wissensingenieur erstellte, meist in Listenform ausgeführte Sammlungen von zur Wissenserfassung dem Betriebs- und Wartungspersonal angebotener, häufig zur Formalisierung codierter Alternativen. Hierbei findet oftmals auch eine Aufteilung der Alternativen auf mehrere Listen Verwendung. Die Forderung nach Erfaßbarkeit steht bei der Auswahl aus Alternativen stets im Widerspruch zu der mit der Anzahl der Alternativen rasch ansteigenden Zeit für die Wissenserfassung und der absinkenden Reproduzierbarkeit.

Geführte Eingabe. Bei der geführten Eingabe erfolgt die Erfassung des Wissens auf der Grundlage einer wiederholten, streng sequentiell durchzuführenden schrittweisen Auswahl situativ erstellter oder im Vorfeld vom Wissensingenieur ausgewählter Alternativen. Vergleichbare Methoden haben bei Software im Büro-Bereich in Form von kaskadierten Pulldown-Menus weite Verbreitung gefunden. Aufgrund ihrer Anwenderfreundlichkeit ist diese Methode mittlerweile zu einem Quasi-Standard bei der Navigation in Programmen mit umfangreicher Funktionalität geworden.

<u>Tabelle 8.1-1</u> faßt die Vor- und Nachteile der dargestellten Methoden zur Wissenserfassung und -formalisierung vor dem Hintergrund der für die Wissensakquisition beim adaptierbaren Diagnosesystem relevanten Anforderungen zusammen.

	Freie Eingabe	Auswahl aus Alternativen	Geführte Eingabe
Erfaßbarkeit des Wissens	● gut	○ schlecht	◐ mittel
Formalisierbarkeit des Wissens	○ schlecht	● gut	● gut
Reproduzierbarkeit der Erfassung	○ schlecht	◐ mittel	◐ mittel
Zeitaufwand für die Erfassung	○ schlecht	◐ mittel	◐ mittel
Erfassungs- und Modellierungsaufwand	● gut	● gut	◐ mittel
Wartungs- und Pflegeaufwand	● gut	◐ mittel	○ schlecht

● gut   ◐ mittel   ○ schlecht

<u>Tabelle 8.1-1</u>: Eigenschaften von Methoden zur Erfassung und Formalisierung von Störungswissen.

Entsprechend der in <u>Tabelle 8.1-1</u> dargestellten Eigenschaften der Methoden zur Erfassung und Formalisierung von Störungswissen erweist sich die freie Eingabe angesichts der mangelnden Reproduzierbarkeit und des hohen Zeitaufwands bei der Erfassung sowie der ungenügenden Formalisierbarkeit des Wissens als nicht hinnehmbar. Aufgrund der geringen Erfaßbarkeit von Störungswissen und des raschen Anwachsens der Zeit für die Wissenserfassung ist auch die Auswahl aus vorgegebenen Alternativen in der Praxis nicht geeignet.

Für die Erfassung und Formalisierung von Störungswissen beim adaptierbaren Diagnosesystem erweist sich somit einzig die geführte Eingabe als heute in der Praxis gangbarer Weg. Die bei der geführten Eingabe von Störungswissen notwendige Vorgabe situativ bereitgestellter Alternativen von Störungsort und -ursache sowie der Maßnahmen zur Störungsbehebung setzt die Verfügbarkeit eines physischen Modells der Transferstraßen voraus. Entsprechend der im Zusammenhang mit solchen Modellen bei tiefen wissensbasierten Systemen in der Vergangenheit zu Tage getretenen Nachteilen sind im Hinblick auf die vorliegenden Anforderungen folgende Aufgaben zu lösen:

- Erarbeitung einer in der betrieblichen Praxis nutzbaren Modellierung und informationstechnischen Repräsentation der physischen Struktur von Transferstraßen, deren natürlichen Objekte und der für die Störungsbehebung relevanten Eigenschaften zur Erfassung von Störungsort und -ursache sowie der Maßnahme zur Störungsbehebung.

- Konkretisieren des erarbeiteten Prinzips der Modellierung auf die Belange des Betriebs- und Wartungspersonals bei der Wissenserfassung und -formalisierung mit dem Ziel der Reduktion der erforderlichen Zeit zur Wissenserfassung und -formalisierung bei gleichzeitiger Sicherstellung der Reproduzierbarkeit bei der Erfassung des Störungswissens.

8.2 Modellierung der physischen Struktur von Transferstraßen und relevanter Eigenschaften derer natürlichen Objekte

Die Erfassung und Formalisierung des Störungswissens setzen ein umfangreiches Modell der physischen Struktur von Transferstraßen sowie die Abbildung der für die Störungsbehebung relevanten Eigenschaften deren natürlichen Objekte voraus. Es wird im folgenden als *Strukturmodell* bezeichnet. Entsprechend des zu erwartenden Umfangs des Strukturmodells ist das Erfassen und Formalisieren des Störungswissens mit der

Handhabung einer Vielzahl von Daten verbunden. Dies macht die Repräsentation des Strukturmodells in einer Datenbasis notwendig. Sie wird im folgenden in Abgrenzung zur Wissensbasis zur Störungsdiagnose als *Datenbasis zur Wissenserfassung* bezeichnet.

8.2.1 Modellierung der physischen Struktur von Transferstraßen

Entsprechend des Stands der Technik kann die rentable Erstellung einer modellhaften Abbildung der physischen Struktur der Transferstraßen und der für die Störungsbehebung relevanten Eigenschaften derer natürlichen Objekte nur mittels der objektorientierten Modellierung erfolgen. Hierbei werden alle natürlichen Objekte durch informationstechnische Objekte (IT-Objekte) repräsentiert. Die Bestimmung der abzubildenden Eigenschaften und Methoden der informationstechnischen Objekte stellt eine grundlegende, im folgenden zu lösende Aufgabe bei der Erstellung des Strukturmodells dar.

In Abhängigkeit von den zwischen den informationstechnischen Objekten bestehenden Objektbeziehungen treten unterschiedliche Eigenschaften der abgebildeten natürlichen Objekte stärker hervor. Die für die Unterstützung der Störungsbehebung unabdingbare schnelle und reproduzierbare Erfassung des Störungsorts beschränkt hierbei die möglichen Objektbeziehungen auf die in <u>Tabelle 8.2.1-1</u> zusammengefaßten einfachen, dem Betriebs- und Wartungspersonal vertrauten Aggregations- und Strukturbeziehungen.

Objektbeziehung	Beziehung	Beschreibung
Aggregations- beziehung	Teil von	**Gerichtete** Strukturbeziehung; Zusammenfassung (Aufteilung) von Objekten zwischen **zwei** Aggregationsebenen
Strukturbeziehung	verbunden mit	**Ungerichtete** Strukturbeziehung zwischen Objekten **einer** Aggregationsebene
	wirkt auf	**Gerichtete** Strukturbeziehung zwischen Objekten **einer** Aggregationsebene

<u>Tabelle 8.2.1-1</u>: Mögliche Aggregations- und Strukturbeziehungen zur Abbildung der physischen Struktur von Transferstraßen für die Wissensakquisition.

Die objektorientierte Modellierung der physischen Struktur von Transferstraßen kann eine oder mehrere der in <u>Tabelle 8.2.1-1</u> gegebenen Objektbeziehungen einschließen.

Werden mehrere Objektbeziehungen berücksichtigt, so ist die bei der geführten Eingabe unabdingbare eindeutige Einordnung der informationstechnischen Objekte in eine Abfolge von Aggregationsebenen nicht mehr möglich. Ursache hierfür ist die fehlende Zyklenfreiheit des entstehenden semantischen Netzes. Sowohl die bei der Wissenserfassung und -formalisierung bestehende Forderung nach Reproduzierbarkeit als auch die gestellten Forderungen sowohl nach geringem Erstellungs- und Modellierungsaufwand als auch nach geringem Wartungs- und Pflegeaufwand des Strukturmodells machen daher eine auf nur eine Objektbeziehung beschränkte Modellierung notwendig.

Die in der Vorgehensweise der geführten Eingabe begründete Notwendigkeit der eindeutigen Einordnung der informationstechnischen Objekte in Aggregationsebenen setzt dabei eine gerichtete Aggregations- oder Strukturbeziehung voraus. Aufgrund der Forderungen nach Reproduzierbarkeit ist der Rückgriff auf eine 'vor Ort' einfach zu erfassende Objektbeziehung notwendig. Von den in <u>Tabelle 8.2.1-1</u> dargestellten möglichen Objektbeziehungen können diese Anforderungen einzig durch die gerichtete Aggregationsbeziehung *'Teil von'* erfüllt werden.

<u>Bild 8.2.1-1</u> zeigt die bei der Verwendung der Aggregationsbeziehung 'Teil von' zu Tage tretende informationstechnische Repräsentation des Strukturmodells am Beispiel der Modellierung des natürlichen Objekts 'Spanneinrichtung'. Die im Bild dargestellten Knoten des Graphen entsprechen Instanzen von Klassen informationstechnischer Objekte. Die Instanzen sind gemäß der Bezeichnung der ihnen übergeordneten Klasse beschriftet. Die gezeigten Kanten repräsentieren die gerichtete Aggregationsbeziehung *'Teil von'*.

Für die Realisierung des adaptierbaren Diagnosesystems ist die in <u>Bild 8.2.1-1</u> gezeigte informationstechnische Repräsentation des Strukturmodells in der Datenbasis zur Wissenserfassung zu speichern. Der dabei in Erscheinung tretende Teil der Datenbasis zur Wissenserfassung wird im folgenden als *Datenbasis Strukturmodell* bezeichnet.

Aufgrund ihrer Eigenschaft als Sondermaschinen kann ein einmal erstelltes Strukturmodell einer Transferstraße nicht ohne tiefgreifende Änderungen bei weiteren Transferstraßen wiederverwendet werden. Für jede Transferstraße muß daher die Erfassung und Modellierung deren physischen Struktur neu erfolgen.

Der hierzu erforderliche hohe Aufwand schließt die Erstellung des Strukturmodells durch schrittweises Zusammenfügen *einzelner* informationstechnischer Objekte aus

Kostengründen aus. Vielmehr ist das Erstellen umfangreicher Strukturmodelle durch das Zusammenfügen von Teilbäumen notwendig, die jeweils *mehrere* informationstechnische Objekte umfassen. Die diesem Vorgehen zugrundeliegende Vorbedingung, daß bei der Modellierung der physischen Struktur der Transferstraßen ausschließlich zyklenfreie Baumstrukturen zu Tage treten, ist durch die bereits eingeführte Beschränkung auf nur eine Objektbeziehung stets erfüllt.

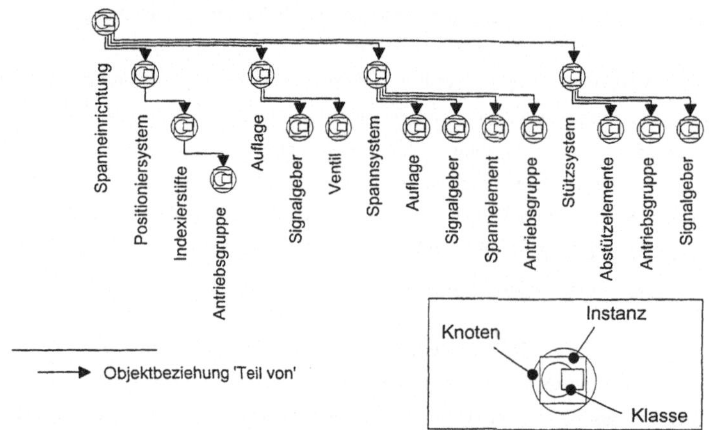

Bild 8.2.1-1: Prinzip der informationstechnischen Repräsentation des Strukturmodells am Beispiel der Modellierung des natürlichen Objekts 'Spanneinrichtung'.

Die bei der Erstellung des Strukturmodells auftretenden Teilbäume können in einer Vielzahl von Strukturmodellen wiederverwendet werden. Die Wahrscheinlichkeit, Teilbäume wiederverwenden zu können, nimmt dabei infolge der Zunahme deren Spezialisierung mit der Zunahme der Höhe der Teilbäume und der Anzahl derer Knoten schnell ab. Die rentable Erstellung von Strukturmodellen setzt daher eine abgeschlossene informationstechnische Repräsentation natürlicher Objekte von Transferstraßen voraus, die zum einen eine hohe Anzahl zugeordneter natürlicher Objekte einschließen, zum anderen aber ohne Änderungen in einer Vielzahl von Transferstraßen angetroffen werden können.

Eine in dieser Arbeit vorgenommene Analyse der Konstruktionsunterlagen von Transferstraßen der Zylinderkopf- und Kurbelgehäusefertigung von 4- und 8-Zylindermotoren der Mercedes-Benz AG zeigte, daß bis auf wenige Ausnahmen die Erstellung der

Strukturmodelle aus nur acht Teilbäumen nahezu vollständig möglich ist. Die erarbeiteten Teilbäume sind in Anhang E zusammengefaßt dargestellt.

Eine nachfolgend in dieser Arbeit durchgeführte Erstellung der Abbildung der physischen Struktur verschiedener Transferstraßen der Zylinderkopf- und Kurbelgehäusefertigung ergab, daß durch die Einführung der Teilbäume der erforderliche Aufwand zur Erstellung der Strukturmodelle um über 95 Prozent reduziert werden konnte.

Aufgrund der stets gegebenen Eigenschaft der Zyklenfreiheit aller auf der Aggregationsbeziehung 'Teil von' erstellten Abbildungen der physischen Struktur von Transferstraßen kann die Aufgabe der Erfassung und Formalisierung des Störungsorts auf die Aufgabe der Ermittlung des Schlüssels des den Störungsort repräsentierenden informationstechnischen Objekts reduziert werden. Die Bestimmung dieses Schlüssel mittels der geforderten Methode der geführten Eingabe führt auf die im folgenden als *geführte mechanisch orientierte Dekomposition* bezeichnete Methode der Wissenserfassung und -formalisierung beim adaptierbaren Diagnosesystem. Sie ist in <u>Bild 8.2.1-2</u> veranschaulicht.

Beginnend von einem frei wählbaren Ausgangspunkt treten bei der geführten mechanisch orientierten Dekomposition informationstechnische Objekte nachfolgender Aggregationsebenen in Erscheinung. Durch die wiederholte schrittweise Auswahl eines der informationstechnischen Objekte aus den je Aggregationsebene wenigen gegebenen Alternativen ist eine schnelle und reproduzierbare Erfassung und Formalisierung des Wissens über den Störungsort durch das Betriebs- und Wartungspersonal möglich. Die schrittweise Eingrenzung des Störungsorts kann fortgesetzt werden, bis entweder das den Störungsort einschließende informationstechnische Objekt geringster Aggregationsebene erreicht oder die weitere Eingrenzung des Störungsorts mangels Störungswissens nicht mehr möglich ist[1].

Bei dem dargestellten Vorgehen werden für das Betriebs- und Wartungspersonal in einer schrittweisen Abfolge immer feinere Details der physischen Struktur der Transferstraße erkennbar. Wegen der diesem Vorgehen innewohnenden Führung ist die Erfassung des Störungsorts auch durch ungeübte Mitarbeiter des Betriebs- und Wartungspersonals möglich.

---

[1] Solches lückenhafte Störungswissen tritt in der Praxis bei allen natürlichen Objekte in Erscheinung, die vom Betriebs- und Wartungspersonal 'vor Ort' nicht weiter zerlegt oder in Teilen repariert werden können und daher bei der Störungsbehebung stets als Ganzes ausgetauscht werden.

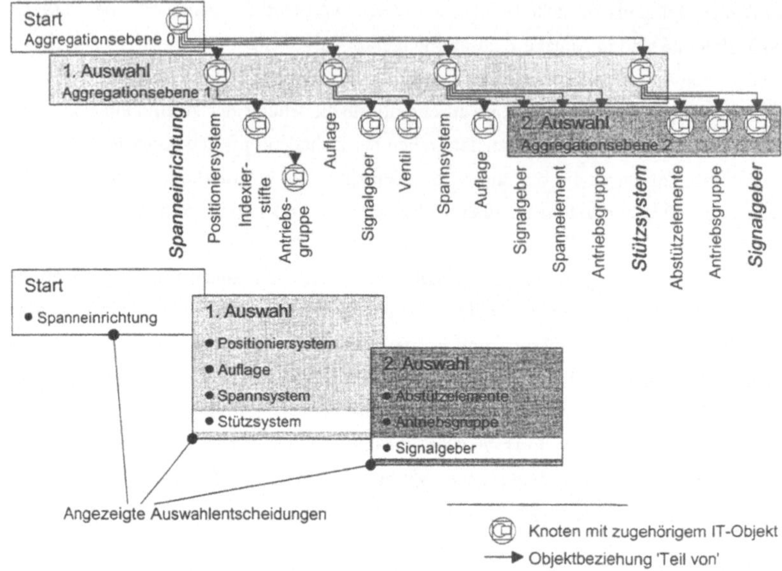

Bild 8.2.1-2: Prinzip der geführten mechanisch orientierten Dekomposition und Darstellung der angezeigten Auswahlentscheidungen.

Die in der Praxis erreichbare Erfaßbarkeit und Reproduzierbarkeit bei der Erfassung und Formalisierung des Störungsorts mittels der Methode der geführten mechanisch orientierten Dekomposition wird von der Übereinstimmung des zugrundeliegenden Strukturmodells mit der zum Zeitpunkt der Störungsbehebung tatsächlich vorliegenden physischen Struktur der Transferstraße bestimmt. Im Zuge von Umbauten von Transferstraßen treten mittel- und langfristig Abweichungen zwischen Realität und Modell zu Tage, die eine Wartung des Strukturmodells notwendig machen.

Die Abweichungen können sowohl die physische Struktur der Transferstraße als auch Änderungen der Eigenschaften der natürlichen Objekte betreffen. Gemäß der Aufgabenstellung der Erfassung und Formalisierung des Störungswissens umfaßt hierbei der Begriff *Eigenschaften* die objektspezifischen Verknüpfungen zu Ursachen und Maßnahmen zur Störungsbehebung sowie die Bezeichnungen der informationstechnischen Objekte.

Im Gegensatz zur Wartung, die stets nur lokale Änderungen des Strukturmodells erfordert, setzt die zur mittel- und langfristigen Aufrechterhaltung der Erfaßbarkeit des

Störungswissens unabdingbare Pflege des Strukturmodells umfassende Änderungen der im Strukturmodell hinterlegten informationstechnischen Objekte voraus. Insbesondere vor dem Hintergrund der Notwendigkeit von Änderungen und Erweiterungen der Eigenschaften der informationstechnischen Objekte erweist sich das in <u>Bild 8.2.1-1</u> dargestellte Prinzip der informationstechnischen Repräsentation des Strukturmodells als ungeeignet.

Ursache der Probleme bildet das im Prinzip der objektorientierten Modellierung begründete Vorgehen, nach dem jedem natürlichen Objekt einer Transferstraße eine Entsprechung in Form einer Instanz der Klasse des informationstechnischen Objekts zugeordnet ist. Infolge dieser Vorgehensweise setzt die Änderung der Eigenschaften einer Klasse eines informationstechnischen Objekts eine mit hohem Zeitaufwand verbundene manuelle Änderung aller bereits instanziierten Objekte der von den Änderungen betroffenen Klasse voraus. Diesem Nachteil steht der Vorteil gegenüber, jedes natürliche Objekt leicht durch Instanziierung der zugeordneten Klasse des informationstechnischen Objekts im Strukturmodell abbilden und dessen Eigenschaften individuell ändern zu können. Auf diese Weise können auch objektspezifische Daten unmittelbar in den informationstechnischen Objekten hinterlegt werden[2].

Eine Alternative besteht in der im folgenden als *virtuelle Instanziierung* bezeichneten Vorgehensweise. Hierbei wird bei der Instanziierung anstelle einer neuen Instanz lediglich ein virtuelle Instanziierungsbeziehung in Gestalt eines abstrakten Zeigers auf die Klasse des informationstechnischen Objekts erzeugt. Die virtuelle Instanziierung erlaubt die zentrale Änderung der Eigenschaften aller bereits erzeugten Instanzen, schließt jedoch die Möglichkeit der individuellen Änderung einzelner instanziierter Objekte ebenso aus wie die Abbildung objektspezifischer Daten. Durch eine Erweiterung der Knoten des Strukturmodells um einen Zeiger auf objektspezifische Daten kann dem letztgenannten Nachteil begegnet werden.

Entsprechend der dargestellten Vor- und Nachteile ist die virtuelle Instanziierung stets von Vorteil, wenn eine Vielzahl von Instanzen weniger Klassen innerhalb eines Modells in Erscheinung treten und die Instanzen der einzelnen Klassen über keine objektspezifische Daten verfügen. Diese Bedingung ist bei Transferstraßen nicht zuletzt aufgrund der

---

[2] Ein der Praxis entnommenes Beispiel objektspezifischer Daten ist die Telefonnummer eines Spezialisten des Wartungspersonals, der im Störungsfall dem Betriebspersonal schnell Hilfestellung bei der Störungsbehebung geben kann.

in dem für die Störungsbehebung wichtigen Bereich der Sensorik und Aktorik zu findenden hohen Anzahl von Gleichteilen stets gut erfüllt.

Bei der virtuellen Instanziierung tritt die Notwendigkeit einer von der Datenbasis Strukturmodell getrennten Speicherung der Klassen informationstechnischer Objekte zu Tage. Die hierbei in Erscheinung tretende Datenbasis wird im folgenden als *Datenbasis Komponentenmodell* bezeichnet. Die Datenbasis Komponentenmodell bildet neben der Datenbasis Strukturmodell einen weiteren Bestandteil der Datenbasis zur Wissenserfassung. Bild 8.2.1-3 zeigt das Zusammenwirken der Datenbasen Struktur- und Komponentenmodell am Beispiel der Abbildung des in Anhang E dargestellten Teilbaums *'Spanneinrichtung'*. Die beispielhaft dargestellten objektspezifischen Daten ('E2.3', 'E1.1' und 'E7.1') entsprechen den mit den Signalgebern verbundenen Eingängen der Steuerung.

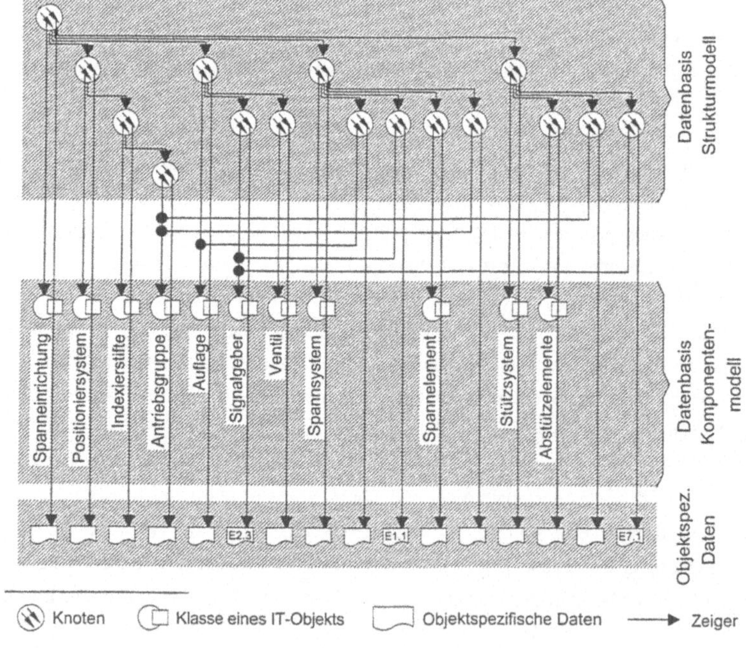

Bild 8.2.1-3: Zusammenwirken der Datenbasen Struktur- und Komponentenmodell am Beispiel der Abbildung natürlichen Objekts 'Spanneinrichtung'.

Gemäß der vorliegenden Aufgabenstellung der Erfassung von Störungsort, Ursache und Maßnahme zur Störungsbehebung sind in der Datenbasis Komponentenmodell die Verknüpfungen von informationstechnischen Objekten mit Ursachen und Maßnahmen zur Störungsbehebung abzubilden.

8.2.2 Modellierung der Eigenschaften natürlicher Objekte von Transferstraßen

Das dem adaptierbaren Diagnosesystem zugrundeliegende Prinzip der Verwendung ursachenorientierter, vorwärtsverketteter Fehlerbeschreibungen bestimmt die abzubildenden Verknüpfungen von informationstechnischen Objekten, Ursachen und Maßnahmen zur Störungsbehebung. Sie sind in Bild 8.2.2-1 zusammengefaßt dargestellt.

Folgt die Repräsentation der Eigenschaften der informationstechnischen Objekte der in Bild 8.2.2-1 dargestellten Modellierung, so führen - analog zu der beim Strukturmodell zu Tage getretenen Problemstellung - die gezeigten Verknüpfungen zu hohen Wartungs- und Pflegeaufwänden bei allen Erweiterungen oder Änderungen der Verknüpfungen von Ursache und Maßnahme zur Störungsbehebung, die mehr als eine Klasse informationstechnischer Objekte betreffen. Die im Bild 8.2.2-1 dargestellten Verknüpfungen der Eigenschaften der informationstechnischen Objekte sind daher ohne eine Vereinfachung für das adaptierbare Diagnosesystem nicht praktikabel.

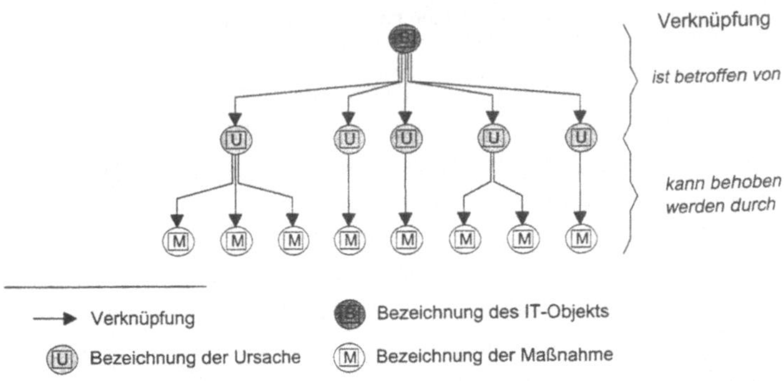

Bild 8.2.2-1: Vorwärtsverkettete Verknüpfungen der Eigenschaften 'Ursachen' und 'Maßnahme' eines informationstechnischen Objekts.

Die Forderungen nach Minimierung des Erstellungs- und Modellierungsaufwands und mehr noch des Wartungs- und Pflegeaufwands machen daher das Aufbrechen der in <u>Bild 8.2.2-1</u> gegebenen Verknüpfungen in eine getrennte Repräsentation der Verknüpfungen von informationstechnischem Objekt und Ursachen sowie von Ursache und Maßnahmen erforderlich. Gemäß der bereits dargestellten Vorteile ist aufgrund der Analogie der Problemstellung wiederum die Nutzung der Methode der virtuellen Instanziierung vorteilhaft.

Als Folge eines solchen Aufbrechens können jedoch vorhandene Abhängigkeiten der Maßnahmen von den informationstechnischen Objekt nicht mehr abgebildet werden. Da die Datenbasis Komponentenmodell aufgrund ihrer hohen Bedeutung für die Erfassung und Formalisierung des Störungswissens die Erfaßbarkeit aller in der Praxis möglichen Verknüpfungen von informationstechnischen Objekten, Ursachen und Maßnahmen zur Störungsbehebung gewährleisten muß, sind bei dieser Vorgehensweise jeder Ursache *alle* zur Behebung der Ursache möglichen Maßnahmen zur Störungsbehebung zuzuordnen.

Infolgedessen führt das Aufbrechen der Verknüpfung von informationstechnischen Objekten, Ursachen und Maßnahmen zur Störungsbehebung in der Praxis zu der Abbildung von mehr Verknüpfungen von Ursachen und Maßnahmen zur Störungsbehebung, als bei der Wissensakquisition tatsächlich notwendig wären. Mit der entstehenden Entscheidungsfreiheit nimmt die Gefahr von Fehleingaben zu. Parallel hierzu erhält das Betriebs- und Wartungspersonal mehr Verantwortung bei der Wissensakquisition.

Zur Klärung der Fragestellung, ob das Aufbrechen der Verknüpfung von informationstechnischem Objekt, Ursache und Maßnahme zur Störungsbehebung trotz dieses Nachteils zulässig ist, wurde im Rahmen dieser Arbeit eine umfangreiche Befragung des Betriebs- und Wartungspersonals von Transferstraßen der Zylinderkopf- und Kurbelgehäusefertigung von 4- und 8-Zylindermotoren der Mercedes-Benz AG durchgeführt. Hierbei ermittelt wurden die in der Praxis bei Störungen an Transferstraßen auftretenden Verknüpfungen zwischen natürlichen Objekts, Ursachen und Maßnahmen zur Störungsbehebung. Die nachfolgende Auswertung der Befragung kann durch folgende drei Kernaussagen zusammengefaßt werden:

- Jedes der natürlichen Objekte der Transferstraßen wird von weniger als zehn für das natürliche Objekt charakteristischen Ursachen betroffen.

- Jede Ursache kann durch nur eine oder - in seltenen Fällen - nur wenigen für die Kombination von natürlichem Objekt und aufgetretener Ursache charakteristischen Maßnahmen behoben werden.
- Unabhängig von den von der jeweiligen Ursache betroffenen natürlichen Objekten ist jede Ursache nur mit weniger als zehn Maßnahmen zur Störungsbehebung verknüpft.

Entsprechend der letzten Aussage führt das Aufbrechen der in Bild 8.2.2-1 gezeigten Verknüpfungen *nicht* zu einem in der Praxis zu berücksichtigenden Anwachsen der Anzahl der den Ursachen zuzuordnenden Maßnahmen. Ebenso bleibt der aus dem Aufbrechen der Verknüpfungen folgende Entscheidungsspielraum vom Betriebs- und Wartungspersonal beherrschbar. Infolgedessen ist auch keine Zunahme von Fehleingaben bei der Wissensakquisition zu erwarten.

Das Aufbrechen der Verknüpfungen von informationstechnischen Objekten, Störungsursachen und Maßnahmen zur Störungsbehebung stellt daher einen notwendigen und geeigneten Ansatz zur Reduzierung des zur Wartung und Pflege der Datenbasis Komponentenmodell erforderlichen Aufwands bei gleichbleibender Erfaßbarkeit des Störungswissens und Reproduzierbarkeit bei dessen Erfassung dar.

Analog zur Entstehung der Datenbasis Komponentenmodell beim Vorgehen der virtuellen Instanziierung beim Strukturmodell treten bei der aus den informationstechnischen Objekten losgelösten Speicherung der Ursachen und Maßnahmen zur Störungsbehebung die im folgenden als *Datenbasis Komponenten-, Ursachen- und Maßnahmenobjekte* bezeichnete Datenbasen zu Tage.

Das Zusammenführen der Datenbasen Komponentenobjekte, Ursachenobjekte und Maßnahmenobjekte führt auf die in Bild 8.2.2-2 veranschaulichte Datenbasis Komponentenmodell. Die im Bild beispielhaft dargestellten Verknüpfungen bilden zusammen mit den in den Graphen eingeschlossenen Objekten die informationstechnische Repräsentation der in der Praxis zu Tage tretenden Verknüpfungen der informationstechnischen Objekte mit den Ursachen und Maßnahmen zur Störungsbehebung.

Der zu leistende Aufwand für die Wartung und Pflege der Eigenschaften der informationstechnischen Objekte wird durch die Aufspaltung der in Bild 8.2.2-1 gezeigten Verknüpfungen aufgrund der resultierenden Möglichkeit der einmaligen, jedoch für alle informationstechnischen Objekte gültigen Änderung derer Eigenschaften verringert.

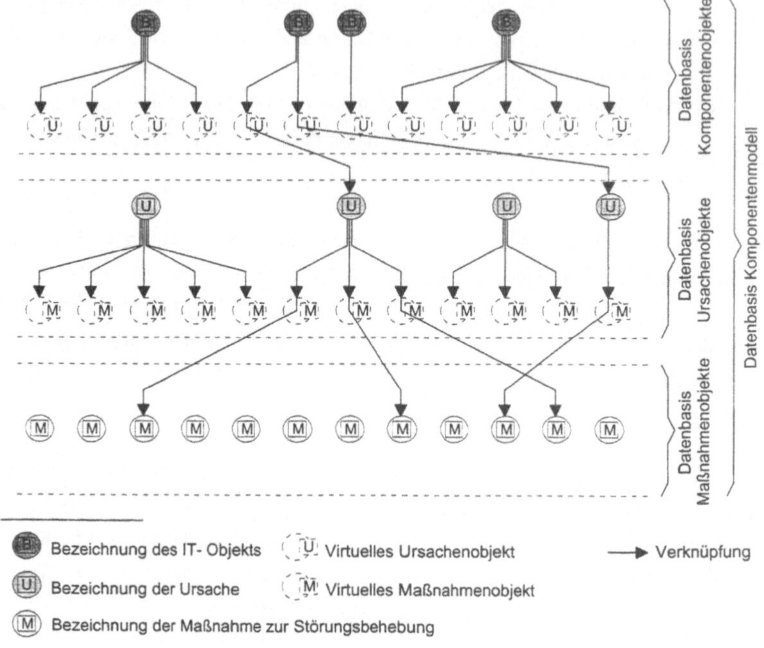

<u>Bild 8.2.2-2</u>: Prinzipieller Aufbau der Datenbasis Komponentenmodell bestehend aus den Datenbasen Komponenten-, Ursachen- und Maßnahmenobjekte.

Bei der Wissensakquisition wird neben der Datenbasis Strukturmodell auf jede der Datenbasen des Komponentenmodells zurückgegriffen. Die Erfassung und Formalisierung des Störungswissens des Betriebs- und Wartungspersonals setzen daher das Zusammenwirken aller Datenbasen voraus. Einen Eindruck von der Komplexität der hierbei zu Tage tretenden Graphen vermittelt abschließend <u>Bild 8.2.2-3</u>.

8.3 Konkretisierung des erarbeiteten Prinzips der Modellierung auf die Belange des Betriebs- und Wartungspersonals

Die erarbeiteten Vorgehensweisen der Repräsentation der physischen Struktur von Transferstraßen und der Eigenschaften informationstechnischer Objekte läßt Freiräume im Hinblick auf die Anzahl zu hinterlegender Klassen informationstechnischer Objekte als auch zu hinterlegender Ursachen und Maßnahmen zur Störungsbehebung zu. Ebenso bestehen Freiräume im Bezug auf die zur Wissenserfassung geeignete Ordnung und Höhe des Strukturmodells. Diese Fragestellungen sind im Hinblick auf die Anforderungen nach Erfaßbarkeit, Reproduzierbarkeit und Zeitaufwand für die Wissenserfassung für die konkrete Aufgabenstellung der Wissensakquisition bei Transferstraßen zu beantworten.

8.3.1 Bestimmung der abzubildenden natürlichen Objekte

Für die Erfaßbarkeit ist neben der Verfügbarkeit einer geeigneten Anzahl von Klassen informationstechnischer Objekte zur Erlangung der geforderten Reproduzierbarkeit bei der Wissenserfassung und -formalisierung deren von der Interpretation der Mitarbeiter des Betriebs- und Wartungspersonals unabhängige Bedeutung entscheidend.

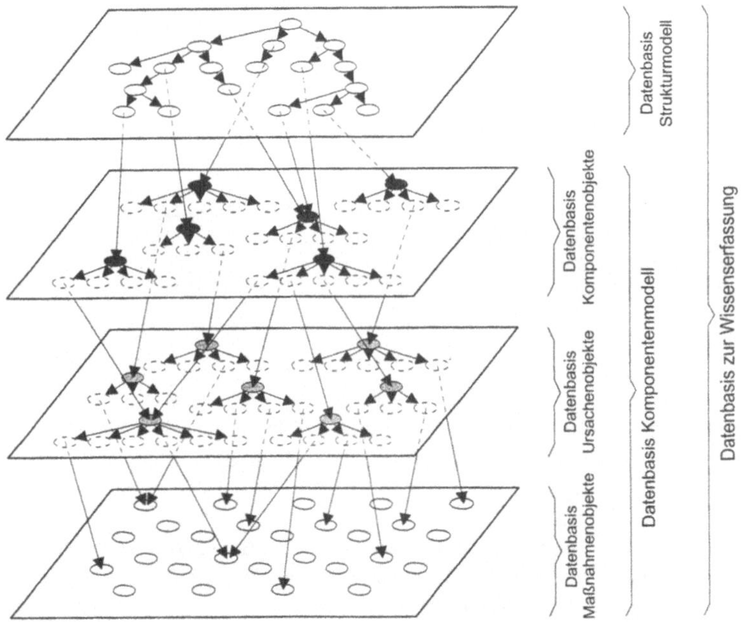

Bild 8.2.2-3: Zusammenwirken der Datenbasen zur Wissenserfassung und -formalisierung.

Die Ursache fehlender Reproduzierbarkeit ist die Existenz von gleichwertigen Alternativen bei der Wissenserfassung. Solche Alternativen treten zu Tage, wenn der mit der Anzahl verfügbarer Klassen informationstechnischer Objekte korrelierte Detaillierungsgrad der bei der Auswahlentscheidung angebotenen informationstechnischen Objekte den Kenntnisstand einzelner Mitarbeiter des Betriebs- und Wartungspersonals übersteigt. In solchen Fällen ist die notwendige abgrenzende Differenzierung der angebotenen informationstechnischen Objekte nicht mehr möglich[3].

Andererseits bildet die Verfügbarkeit einer hinreichenden Menge von Klassen informationstechnischer Objekte, die die Wissenserfassung ohne Rückgriff auf Umschreibungen ermöglichen, die Vorbedingung hoher Erfaßbarkeit. Erfaßbarkeit und Reproduzierbarkeit können daher nicht gleichzeitig erreicht werden. Den Zusammenhang von der Anzahl verfügbarer Klassen informationstechnischer Objekte mit Erfaßbarkeit und Reproduzierbarkeit veranschaulicht <u>Bild 8.3.1-1</u>.

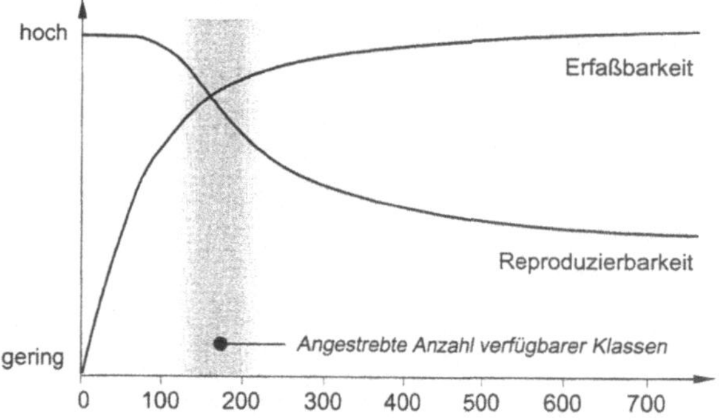

<u>Bild 8.3.1-1</u>: Zusammenhang von der Anzahl verfügbarer Klassen informationstechnischer Objekte und Erfaßbarkeit und Reproduzierbarkeit.

---

[3] Die Reproduzierbarkeit kann hierbei durch eine verfeinerte Erfassung und Modellierung der physischen Struktur der Transferstraßen in Verbindung mit einem umfangreichen Dialog zwischen Personal und Diagnosesystem bei der Wissenserfassung und -formalisierung verbessert werden. Der bei diesem Vorgehen notwendige hohe Zeitaufwand zur Wissensakquisition schließt vor dem Hintergrund der in Kapitel 3 dargestellten Eigenschaften der Störungen und den in Kapitel 4 dargestellten Nachteilen entsprechender bei tiefen wissensbasierten Diagnosesystemen genutzten Vorgehensweisen ein solches Vorgehen in der Praxis bei Transferstraßen jedoch aus.

Gemäß der Bedeutung der Erfassung und Formalisierung des Störungswissens des Betriebs- und Wartungspersonals für die Leistungsfähigkeit des adaptierbaren Diagnosesystems sind Fehler bei der Erfassung des Störungswissens unbedingt zu vermeiden. Dies macht eine sorgfältige Bestimmung der Anzahl notwendiger Klassen informationstechnischer Objekte erforderlich, um gleichzeitig sowohl eine hohe Erfaßbarkeit als auch einen hohen Grad der Reproduzierbarkeit bei der Erfassung des Störungswissens gewährleisten zu können. Der entsprechende Bereich ist in Bild 8.3.1-1 grau hinterlegt.

Hierbei ermöglicht die Eigenschaft der Abstraktion der informationstechnischen Objekte die Repräsentation eines oder auch mehrerer in ihrer Funktion ähnlicher natürlicher Objekte durch nur eine Klasse eines informationstechnischen Objekts. Auf diese Weise können die bis zu 10 000 natürlichen Objekte einzelner Transferstraßen durch weniger als 200 Klassen informationstechnischer Objekte repräsentiert werden. Die Bestimmung der Klassen informationstechnischer Objekte und die notwendige Festlegung der ihnen zugeordneten Bezeichnungen setzt eine Analyse der von Störungen betroffenen natürlichen Objekte der Transferstraßen voraus. Die Festlegung der Bezeichnungen der Klassen informationstechnischer Objekte muß zur Erlangung hoher Reproduzierbarkeit bei der Wissenserfassung und -formalisierung in enger Zusammenarbeit mit dem Anwender des adaptierbaren Diagnosesystems durchgeführt werden.

Die Ergebnisse der hierzu im Rahmen dieser Arbeit durchgeführten Analyse der störungsverursachenden oder von Störungen unmittelbar betroffenen natürlichen Objekte sind in Tabelle 3.1.1-1 zusammengestellt. Den Schwerpunkt der abzubildenden natürlichen Objekte bilden entsprechend die Sensoren und Aktoren der Bearbeitungseinheiten. Die detaillierte Abbildung der natürlichen Objekte der Mechanik, der Steuerungselektronik und des Werkstücks besitzt hingegen nur geringe Bedeutung.

Die untere Grenze der abzubildenden natürlichen Objekte wird auf die durch das Betriebs- und Wartungspersonal instandsetzbaren natürlichen Objekte beschränkt. Eine weitergehende Unterteilung natürlicher Objekte in natürliche Objekte nachfolgender Aggregationsebenen kann nicht mehr genutzt werden. Sie führt infolge des explosionsartigen Anwachsens der Anzahl erforderlicher Klassen informationstechnischer Objekte vielmehr zu einem Absinken der Reproduzierbarkeit und zu hohen Mehraufwänden bei der Erstellung, Wartung und Pflege der Datenbasis Strukturmodell.

Gemäß dieser Randbedingungen wurden in dieser Arbeit die Klassen informationstechnischer Objekte mittels einer Datenerhebung bestimmt. Die Datenerhebung wurde in

Zusammenarbeit mit dem für repräsentativ ausgewählte Transferstraßen verantwortlichen Betriebs- und Wartungspersonal durchgeführt. Grundlage der Datenerhebung bildeten Transferstraßen verschiedener Maschinenhersteller der Zylinderkopf- und Kurbelgehäusefertigung von 4- und 8-Zylindermotoren der Mercedes-Benz AG.

Die Datenerhebung ergab, daß weniger als 200 verschiedene Klassen informationstechnischer Objekte die Repräsentation aller für die Erfassung des Störungsorts relevanten natürlichen Objekte bei Transferstraßen ermöglichen. Die Eignung der bei der Datenerhebung ermittelten Klassen informationstechnischer Objekte konnte im Rahmen einer nachfolgend im neuen V-Motorenwerk 'Bad Cannstatt' der Mercedes-Benz AG durchgeführten Datenerhebung bestätigt werden. Die bei der Datenerhebung ermittelten Bezeichnungen der Klassen informationstechnischer Objekte sind in Anhang B zusammengefaßt.

Ebenfalls im Rahmen der Datenerhebung konnten die notwendigen Bezeichnungen in der Datenbasis Komponentenmodell abzubildender Ursachen und Maßnahmen zur Störungsbehebung ermittelt werden. Sie sind in Anhang C und D zusammengefaßt.

8.3.2 Bestimmung der Ordnung und Höhe des Strukturmodells

Aufgrund des Umfangs der Transferstraßen stellt die mechanisch orientierte Dekomposition der Transferstraßen keinen eindeutigen Vorgang dar. Die Entscheidung, welche natürlichen Objekte in natürliche Objekte nachfolgender Aggregationsebenen unterteilt werden, ist oft nur 'vor Ort' durch das Betriebs- und Wartungspersonal möglich. Zugleich sind bei der Modellierung der physischen Struktur der Transferstraßen sowohl die Forderungen nach der Minimierung des Zeitaufwands für die Wissenserfassung als auch nach hoher Reproduzierbarkeit zu berücksichtigen.

Aufgrund der Abhängigkeit der Anzahl der bei der Wissensakquisition erforderlichen Auswahlentscheidungen und der Anzahl der hierbei jeweils angebotenen Alternativen kann ein Zusammenhang zwischen dem Zeitaufwand und der Reproduzierbarkeit bei der Erfassung des Störungsorts und der Ordnung und Höhe der in der Datenbasis Strukturmodell gespeicherten Baumstruktur abgeleitet werden. So muß insbesondere bei hohen Ordnungen aufgrund tiefliegender Eigenschaften des Kurzzeitgedächtnisses des Menschen mit erheblichem Mehraufwand bei jeder der Auswahlentscheidungen gerechnet werden [87].

Die hieraus abgeleitete Forderung nach mit einer geringen Ordnung gleichzusetzenden einfachen Auswahlentscheidungen führt jedoch infolge der resultierenden Zunahme der Höhe der Baumstruktur zu einer Zunahme der Anzahl zu treffender Auswahlentscheidungen und erhöht somit wiederum den bei der Wissenserfassung aufzuwendenden Zeitaufwand. Als für die Modellierung der physischen Struktur von Transferstraßen entscheidend erweist sich somit der von der Anzahl der abzubildenden natürlichen Objekte bestimmte Zusammenhang von Ordnung und Höhe der Baumstruktur. Er ist in Tabelle 8.3.2-1 zusammengefaßt dargestellt.

	Ordnung					
Höhe	2	4	6	8	10	12
2	3	5	7	9	11	13
3	7	21	43	73	111	157
4	15	85	259	585	**1.111**	**1.885**
5	31	341	**1.555**	**4.681**	**11.111**	**22.621**
6	63	**1.365**	**9.331**	**37.449**	111.111	271.453
7	127	**5.461**	**55.987**	299.593	1.111.111	3.257.437
8	255	**21.855**	335.923	2.396.745	11.111.111	39.089.245

Tabelle 8.3.2-1: Maximale Anzahl in einer Baumstruktur abbildbarer natürlicher Objekte als Funktion von Höhe und Ordnung.

Eine in dieser Arbeit durchgeführte Auswertung von Konstruktionsunterlagen von Transferstraßen der Zylinderkopf- und Kurbelgehäusefertigung von 4- und 8-Zylindermotoren der Mercedes-Benz AG ergab, daß Transferstraßen zwischen 1 000 und bis zu 10 000 bei der Störungsbehebung durch das Betriebs- und Wartungspersonal zu berücksichtigende natürliche Objekte umfassen. Da bei der Erstellung des Strukturmodells nicht allen möglichen Knoten der durch Höhe und Ordnung bestimmten Baumstruktur informationstechnische Objekte zugewiesen werden, setzt die Erstellung des Strukturmodells die Fähigkeit der Abbildung einer wesentlich höheren Anzahl natürlicher Objekte voraus[4].

---

[4] Als Beispiel sei die in Bild 8.2.1-1 dargestellte Struktur der Höhe *4* und der Ordnung *4* betrachtet: Von den theoretisch möglichen 1+4+16+64 = 85 Knoten werden nur 16 Knoten genutzt. Nicht genutzte Knoten werden in den Bildern aus Gründen der Übersichtlichkeit nicht dargestellt.

Die Auswertungen zeigten, daß bei der mechanisch orientierten Dekomposition unter 10 Prozent der möglichen Knoten entsprechender Baumstrukturen genutzt werden. Die Abbildung der physischen Struktur der Transferstraßen setzt daher Graphen voraus, die bis zu 100 000 Knoten umfassen können.

Die in Tabelle 8.3.2-1 dargestellte Abhängigkeit der Anzahl abbildbarer natürlicher Objekte von Ordnung und Höhe der Baumstruktur belegt, daß alle Baumstrukturen ab der Ordnung 6 sowohl die Anforderungen nach einer geringen Anzahl zu erwartender Auswahlentscheidungen als auch nach der Abbildung von bis zu 100 000 Knoten erfüllen. Da bei höheren Ordnungen mit Problemen bei der Wissensakquisition gerechnet werden muß - ohne daß dieser Nachteil durch die signifikante Abnahme der Höhe kompensiert werden kann - sind zur Abbildung der physischen Struktur der Transferstraßen für die Wissensakquisition nur Baumstrukturen mit einer Ordnung größer *6* und kleiner *10* geeignet. Dieser Bereich ist in Tabelle 8.3.2-1 grau hinterlegt. Diese Vorgabe bildet auch die Grundlage der in Anhang E gegebenen Abbildung der physischen Struktur von Transferstraßen.

Letztlich ermöglicht das aus den Datenbasen Strukturmodell und Komponentenmodell sowie den zwischen den einzelnen Datenbasen bestehenden Verknüpfungen gebildete Netz der Verknüpfungen dem Betriebs- und Wartungspersonal 'vor Ort' mittels geführter Eingabe die schnelle und reproduzierbare Erfassung von Störungsort und -ursache sowie der erfolgreich durchgeführten Maßnahme zur Störungsbehebung. Ein auf der Grundlage der erarbeiteten Datenbasis zur Wissenserfassung erstelltes Beispiel der Abfolgen von Ein- und Ausgaben bei der Wissensakquisition zeigt abschließend Tabelle 8.3.2-2.

Mit der erarbeiteten Wissensbasis zur Wissenserfassung steht nunmehr ein bei einer Vielzahl von Bearbeitungsverfahren und korrespondierenden Transferstraßen einsetzbares Modell der physischen Struktur von Transferstraßen sowie der für die Störungsbehebung relevanten Eigenschaften derer natürlichen Objekte als Grundlage der Erfassung und Formalisierung des Störungswissens des Betriebs- und Wartungspersonals ohne Wissensingenieur zur Verfügung.

Durch die mittels der erarbeiteten Methode der virtuellen Instanziierung erreichte Trennung von Datenbasis Strukturmodell und Datenbasis Komponentenmodell sowie durch die Aufspaltung der Datenbasis Komponentenmodell in abgeschlossene Datenbasen können die zur Erstellung der Diagnosemeldungen und zur konstruktiven Verbesserung der Transferstraßen erforderlichen Daten über Störungsort, Störungsursache und

Maßnahme zur Störungsbehebung in einer für eine Vielzahl von Transferstraßen nutzbaren und für Wartung und Pflege geeigneten Form abgebildet werden.

| | Ein- und Ausgaben | | Genutzte Datenbasen |
	IT-Objekt der aktuellen Aggregationsebene	IT-Objekte der folgenden Aggregationsebene	
1. Auswahl	Transferstraße	Einheit Ladeportal Mittenbaugruppe *Versorgungsaggregate* Werkstück	Strukturmodell, Komponentenobjekte
2. Auswahl	Versorgungsaggregate	Elektrik *Hydraulik* Kühlung Pneumatik Schmierung	Strukturmodell, Komponentenobjekte
3. Auswahl	Hydraulik	*Druckspeicher* Filter Leitung Pumpe Ventil	Strukturmodell, Komponentenobjekte
4. Auswahl	Druckspeicher	*Druck zu gering* Füllstand zu gering Ölmangel	Komponentenobjekte, Ursachenobjekte
5. Auswahl	Druck zu gering	*Dichtung ersetzen* Öl nachfüllen reinigen	Ursachenobjekte, Maßnahmenobjekte
Eingabeende	Dichtung ersetzen	———	———

Tabelle 8.3.2-2: Beispiel der Abfolge der Ein- und Ausgaben bei der Wissenserfassung und -formalisierung. Kursiv dargestellt sind die vom Betriebs- und Wartungspersonal getroffenen Auswahlentscheidungen (Eingaben).

Die geforderte Evaluierung der erarbeiteten Methoden zur Erfassung, Wartung und Pflege von Fehlerbeschreibungen sowie zur Erfassung und Formalisierung des Störungswissens setzt abschließend eine prototypische Realisierung und nachfolgende Bewertung des adaptierbaren Diagnosesystems voraus.

9   Realisierung

Im folgenden werden die mit dem in dieser Arbeit erarbeiteten adaptierbaren Diagnosesystem im Rahmen einer prototypischen Realisierung erzielten Ergebnisse anhand verschiedener Kenngrößen vorgestellt und bewertet.

9.1   Realisierung in der Zylinderkopffertigung

Für die Realisierung des adaptierbaren Diagnosesystems an einer Transferstraße der Zylinderkopffertigung des Motors M119 (V-8 Motor) der Mercedes-Benz AG war ein Zeitraum von drei Monaten vorgesehen. Für den Einbau eines PCs sowie die Inbetriebnahme
des im Rahmen dieser Arbeit erstellten Programms standen vorab zehn Tage zur Verfügung. Nach der Inbetriebnahme erfolgte der Einsatz des adaptierbaren Diagnosesystems
während der regulären Großserienproduktion. Neben dem Betriebs- und Wartungspersonal, das die Wissensakquisition selbständig durchführte, stand kein zusätzliches Personal
zur Verfügung. Während des dreimonatigen Tests des Diagnosesystems wurden zwei
nicht im Vorfeld bekannte konstruktive Verbesserungen der Transferstraße
vorgenommen.

Um repräsentative Aussagen bei der Realisierung zu ermöglichen, wurde nach einer
vierwöchigen Datenerhebung der mittleren Ausfallabstände aller Bearbeitungseinheiten
der Fertigungslinie eine umfangreiche, häufig von Störungen betroffene Bearbeitungseinheit ausgewählt.

Der bei der Datenerhebung bestimmte mittlere Ausfallabstand der ausgewählten Bearbeitungseinheit betrug 2,5 Stunden. Die Bearbeitungseinheit verursachte rund 90 Prozent der Störungen der Transferstraße. Die benachbarte Bearbeitungseinheit mit einem
mittleren Ausfallabstand von 24 Stunden wurde ebenfalls bei der Realisierung berücksichtigt. Auf diese Weise sollten Erfahrungen über die Leistungsfähigkeit des adaptierbaren Diagnosesystems bei Bearbeitungseinheiten, die nur wenige Störungen aufweisen,
gewonnen werden.

Die ausgewählten Bearbeitungseinheiten umfassen Spanneinrichtungen, NC-Achsen und
Werkzeugwechseleinrichtungen. Als Bearbeitungsverfahren kommen Planfräsen und
Bohren zum Einsatz. Die Taktzeit beträgt 84 Sekunden.

Bei der Realisierung stand ein in ein Eingabefeld[1] integrierter industrietauglicher PC (Prozessor: intel®386, 33 MHz, 4 MB RAM) zur Verfügung. Zur Vereinfachung der Wissensakquisition wurde das Eingabefeld gut zugänglich in unmittelbarer Nähe zwischen den zwei ausgewählten Bearbeitungseinheiten angebracht. Bild 9.1-1 vermittelt einen Eindruck von der Anordnung des Eingabefelds.

Bild 9.1-1: Bei der Realisierung eingesetztes Eingabefeld an einer Transferstraße in der Zylinderkopffertigung des Motors M119 der Mercedes-Benz AG.

Aufgrund der erreichbaren Effektivität und Portierbarkeit des Programmcodes wurde das adaptierbare Diagnosesystem in der Programmiersprache ANSI[2]-C umgesetzt. Bei der Programmierung der Eingabeoberfläche wurde auf die standardisierten Grafikzeichen des ASCII[3]-Codes zurückgegriffen. Sie ermöglichen die notwendige grafische Umsetzung der Zeiger der Datenbasen des Struktur- und Komponentenmodells bei der Wissensakquisition. Die bei der Realisierung in Zusammenarbeit mit dem Betriebs- und

---

[1] Bei dem eingesetzten Eingabefeld fand ein Prototyp eines in einer Kooperation zwischen der Verfahrensentwicklung der Mercedes-Benz AG und dem ISW (Universität Stuttgart) erarbeiteten standardisierten Einheitsbenutzungsfeld (EBF) Verwendung.

[2] engl.: ANSI (American National Standards Insitute)

[3] engl.: ASCII (American Standard Code for Information Interchange)

Wartungspersonal erarbeitete Eingabeoberfläche zeigt beispielhaft <u>Bild 9.1-2</u>. Im Bild dargestellt ist eine bei der Wissensakquisition typische Auswahlentscheidung zur Eingrenzung der von der Störung betroffenen Komponente. Die grafische Umsetzung der Zeiger in Verbindung mit der geführten mechanisch orientierten Dekomposition ermöglichen die dargestellte Wissenserfassung in Form einer Abfolge weniger, einfacher Auswahlentscheidungen aus wenigen gegebenen Alternativen.

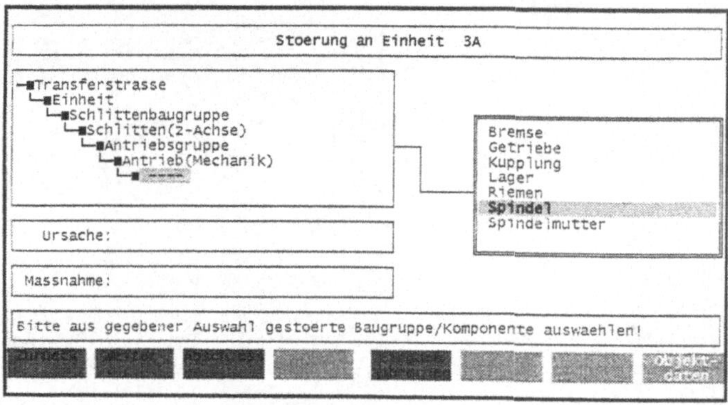

<u>Bild 9.1-2</u>: Eingabeoberfläche bei der Wissensakquisition.

Ein vorzeitiger Abschluß der Eingabe ist mittels der Taste 'Abschluß' möglich. Dieses Vorgehen erlaubt eine unvollständige Eingabe von Wissen zur Störungsbehebung und hilft, Fehleingaben zu vermeiden. Entsprechend diesem Ziel kann die gesamte Eingabe durch die Taste 'Eingabe abbrechen' verworfen und später (z.B. nach Einbeziehung weiterer Mitarbeiter des Betriebs- und Wartungspersonals) nachgeholt werden.

Mit der Taste 'Objektdaten' ist ein Zugriff auf die ggf. hinterlegten objektspezifischen Daten möglich. Die im Bild zu erkennende ständig angezeigte kontextabhängige Hilfe unterstützt das Betriebs- und Wartungspersonal bei der Benutzung des adaptierbaren Diagnosesystems.

Eine aufbauend auf das erfaßte Wissen zur Störungsbehebung erstellte Diagnosemeldung zeigt <u>Bild 9.1-3</u>. Der neben der grafischen Umsetzung des Diagnosevektors bei der Ausgabe gegebene normierte gleitende Mittelwert $X_{NI\,\underline{V}\,i,j}\,(t)$ ermöglicht die Bewertung mittels der Tasten 'Weiter' und 'Zurück' anzeigbarer alternativer Diagnosemeldungen durch das Betriebs- und Wartungspersonal. Er wird bei der Ausgabe als 'XN(t)' abgekürzt. Die Ausgabe von Datum und Uhrzeit der letzten erfolgten Bestätigung der angezeigten Diagnosemeldung ermöglicht darüber hinaus, eine Zunahme der Störung frühzeitig zu erkennen und unterstützt den gezielten Informationsaustausch zwischen den Werkern.

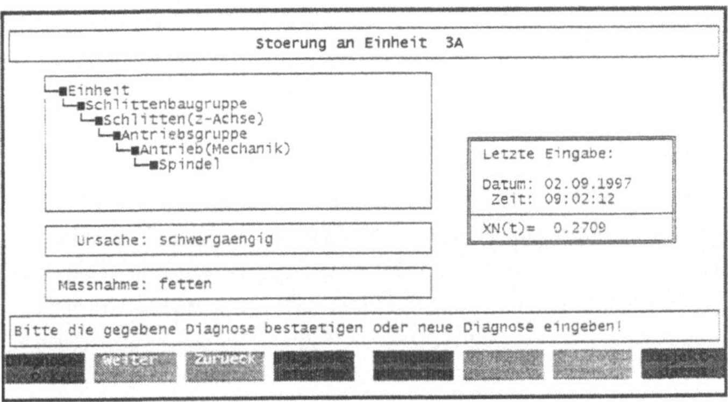

<u>Bild 9.1-3</u>: Eingabeoberfläche mit Ausgabe einer Diagnosemeldung.

Die Taste 'Diagnose o.k.' zur Bestätigung der Richtigkeit der angezeigten Diagnosemeldung erlaubt bei dem Großteil auftretender Störungen die einfache und schnelle Erfassung des Störungswissens des Betriebs- und Wartungspersonals mit nur einem Tastendruck.

Die in den <u>Bildern 9.1-2</u> und <u>9.1-3</u> dargestellten Beispiele der Ein- und Ausgabe stellen mit ihrer einfachen und klaren Benutzungsoberfläche die konsequente Ausrichtung des adaptierbaren Diagnosesystems auf die Anforderungen des Betriebs- und Wartungspersonals eindrucksvoll unter Beweis.

9.2 Ergebnisse der Realisierung

9.2.1 Zeitliche Entwicklung der Anzahl gespeicherter Merkmalsvektoren

Gemäß der grundlegenden Bedeutung für die Funktionsfähigkeit des adaptierbaren Diagnosesystems bildete zunächst die Ermittlung der Leistungsfähigkeit des in Kapitel 6 erarbeiteten Vorgehens der Erstellung bereinigter Merkmalsvektoren den Schwerpunkt des Interesses bei der Realisierung. Zu beantworten war die Frage, ob die Anzahl auftretender bereinigter Merkmalsvektoren trotz des Zugriffs auf den je Bearbeitungseinheit 400 Bit (E/A) umfassenden zugänglichen Zustandsraum allein mit Hilfe des im Vorfeld erstellten Filtervektors auf den in Kapitel 7 erarbeiteten Rahmen von je 200 Merkmals- und Diagnosevektoren begrenzt werden konnte. Diese Anzahl entsprach zugleich der bei der Realisierung gewählten Anzahl in der Wissensbasis zur Störungsdiagnose speicherbarer Merkmals- und Diagnosevektoren.

Die bei der Realisierung aufgetretene Anzahl gespeicherter bereinigter Merkmalsvektoren als Funktion der Zeit zeigt <u>Bild 9.2.1-1</u>. Ein Vergleich mit der in <u>Bild 3.1.3-2</u> dargestellten Summe erstmals vorgekommener Störungen als Funktion der Zeit bestätigt, daß der Zustand der Bearbeitungseinheiten ohne Änderung der in den Steuerungen abgelegten Ablaufprogramme durch die in Kapitel 6 erarbeitete Vorgehensweise steuerungsextern in geeigneter Weise in Gestalt bereinigter Merkmalsvektoren erfaßt werden konnte.

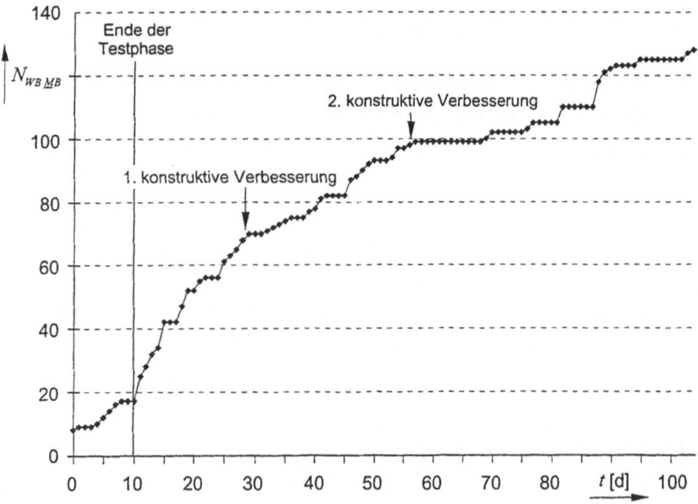

<u>Bild 9.2.1-1:</u>   Anzahl gespeicherter bereinigter Merkmalsvektoren $N_{WB\,MB}$ als Funktion der Zeit bei der Realisierung in ZK M119.

9.2.2 Zeitliche Entwicklung der Anzahl alternativer Diagnosemeldungen

Neben der Vorgehensweise der Erfassung der Symptome bestimmt die bei der Erstellung der Diagnosemeldungen erreichte Zuverlässigkeit die Leistungsfähigkeit des adaptierbaren Diagnosesystems. Bei der Realisierung war daher die Frage zu beantworten, in welchem Umfang alternative Diagnosemeldungen bei den aufgetretenen bereinigten Merkmalsvektoren zu erwarten waren. Zur Beantwortung dieser Frage war eine Analyse des in Bild 9.2.2-1 dargestellten Verlaufs des Quotienten der Anzahl gespeicherter Verknüpfungen $N_{WB\ V}$ zur Anzahl gespeicherter bereinigter Merkmalsvektoren $N_{WB\ MB}$ notwendig.

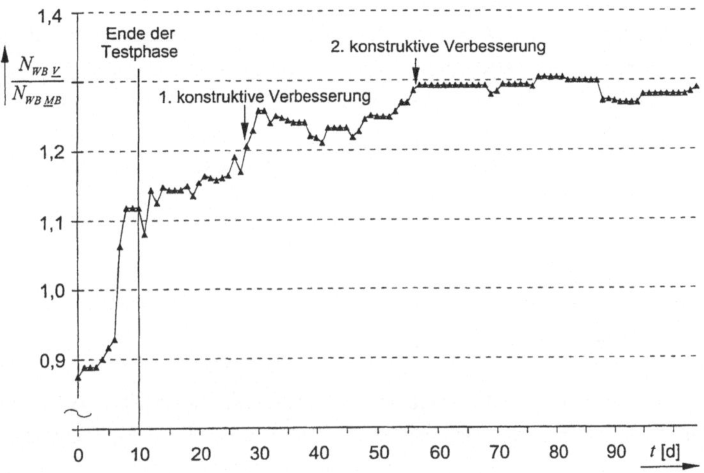

Bild 9.2.2-1: Verhältnis der Anzahl gespeicherter Verknüpfungen $N_{WB\ V}$ zur Anzahl gespeicherter bereinigter Merkmalsvektoren $N_{WB\ MB}$ als Funktion der Zeit bei der Realisierung in ZK M119.

Der in Bild 9.2.2-1 gezeigte Verlauf beweist, daß kurz-, mittel- und langfristig nur bei rund 30 Prozent aller erfaßten bereinigten Merkmalsvektoren mit mehr als einer alternativen Diagnosemeldung gerechnet werden mußte. Der dargestellte Verlauf ermöglicht zudem einen Rückschluß auf die Leistungsfähigkeit der in Kapitel 8 erarbeiteten Komponente zur Wissensakquisition: Unzulänglichkeiten bei der Erfassung und Formalisierung des Störungswissens, die unmittelbar zu einem Anwachsen alternativer

Diagnosemeldungen hätten führen müssen, traten bei der Realisierung nicht in nachweisbarem Umfang in Erscheinung.

Die langfristige Konstanz des Quotienten ($N_{WB\ \underline{V}}$ / $N_{WB\ \underline{MB}}$) beweist zudem die außerordentlich hohe Akzeptanz des adaptierbaren Diagnosesystems beim Betriebs- und Wartungspersonal: Angesichts des in Bild 9.2.1-1 dargestellten kontinuierlichen Anwachsens gespeicherter bereinigter Merkmalsvektoren hätte eine nachlassende Nutzung des adaptierbaren Diagnosesystems unmittelbar ein Absinken des Quotienten ($N_{WB\ \underline{V}}$ / $N_{WB\ \underline{MB}}$) nach sich gezogen.

Am Rande ist festzuhalten, daß das gemäß Bild 9.2.2-1 bei einigen Störungen zu erwartende Auftreten alternativer Diagnosemeldungen erheblich zur Akzeptanz des adaptierbaren Diagnosesystems beigetragen hat. Die hier zu Tage tretende Abkehr von dem in der Vergangenheit zu findenden Versuch, das Betriebs- und Wartungspersonal durch automatische Diagnosesysteme zunehmend zu ersetzen, unterstrich eindrucksvoll den unterstützenden Charakter des adaptierbaren Diagnosesystems und trug maßgeblich zu dessen im Laufe der Realisierung erreichten hohen Akzeptanz 'vor Ort' bei.

9.2.3 Zeitliche Entwicklung des summierten gleitenden Mittelwerts der Verknüpfungen

Entsprechend der Anteile der Teilzeiten bei der Störungsbehebung bildete die Unterstützung der Störungsvermeidung den Schwerpunkt der bei der Realisierung gestellten Anforderungen an das adaptierbare Diagnosesystem. Zu beantworten war daher die Frage, in welchem Umfang mit Hilfe des adaptierbaren Diagnosesystems Störungen vermieden werden konnten. Den hierzu zu analysierenden Verlauf des summierten gleitenden Mittelwerts $X_{NI\ \underline{SV}\ i,j}(t)$ der Bestätigungen aller in der Wissensbasis zur Störungsdiagnose gespeicherten Verknüpfungen $\underline{V}_{WB\ i,j}$ als Funktion der Zeit zeigt Bild 9.2.3-1.

In dem in Bild 9.2.3-1 dargestellten Verlauf ist ein Absinken des summierten gleitenden Mittelwerts nach rund einem und zwei Monaten des Betriebs des adaptierbaren Diagnosesystems deutlich zu erkennen.

Ursache hierfür sind vom Wartungspersonal am 28. und 54. Tag der Realisierung vorgenommene konstruktive Verbesserungen der betrachteten Bearbeitungseinheiten. Die im ersten Schritt realisierten Verbesserungen (Austausch und Justage der Signalgeber der

Werkstückauflage) führten zunächst zu einen Absinken der Anzahl auftretender Störungen auf rund die Hälfte. Die einen Monat später in einem zweiten Schritt erfolgten Maßnahmen (Verbesserung des Späneabtransports beim Werkzeugwechsel durch Änderung der Kühlschmierstoffzuführung) ermöglichten nochmals eine Halbierung der Anzahl auftretender Störungen. Entsprechend der in Kapitel 7 erarbeiteten Methoden programmbasierten Lernens auf der Grundlage der gleitenden exponentiellen Gewichtung folgt der in <u>Bild 9.2.3-1</u> dargestellte summierte gleitende Mittelwert den Änderungen jedoch nicht unmittelbar nach sondern entspricht erst nach mehreren Halbwertszeiten der neuen Charakteristik des Auftretens der Störungen an den bei der Realisierung betrachteten Bearbeitungseinheiten.

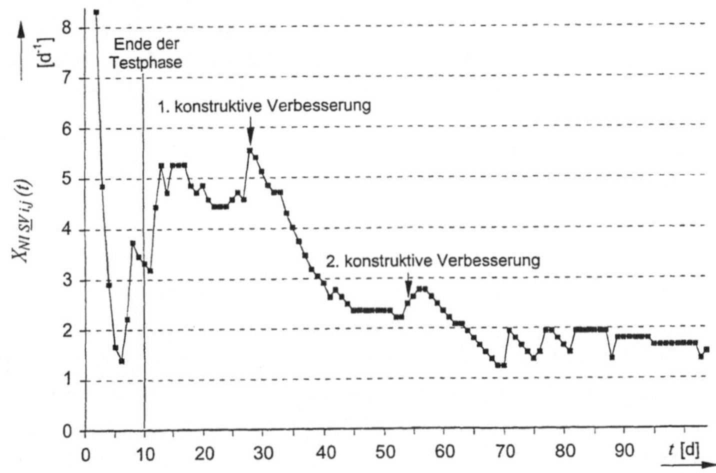

<u>Bild 9.2.3-1:</u> Summierter gleitender Mittelwert $X_{NI\ SV\ i,j}(t)$ der Bestätigungen der Verknüpfungen $\underline{V}_{WB\ i,j}$ als Funktion der Zeit bei der Realisierung in ZK M119 ($T_{1/2}$= 10 d).

Daneben ist in <u>Bild 9.2.3-1</u> deutlich der bei geringer Anzahl auftretender Störungen erwartete Effekt von Sprüngen im summierten gleitenden Mittelwert als Folge der für diesen Fall zu geringen Halbwertszeit von 10 Tagen zu erkennen. Nach Absprache mit dem Betriebs- und Wartungspersonal wurde auf eine Anpassung der Halbwertszeit während der Realisierung verzichtet, um die Fähigkeit des adaptierbaren Diagnosesystems der schnellen Anpassung des summierten gleitenden Mittelwerts an Änderungen der Charakteristik des Auftretens der Störungen nicht einzuschränken.

9.2.4 Schwachstellenanalyse

Grundlage der im Vorfeld der Realisierung nicht erwarteten konstruktiven Verbesserungen der Bearbeitungseinheiten war der erreichte hohe Detaillierungsgrad des mit Hilfe des adaptierbaren Diagnosesystems erfaßten Störungswissens des Betriebs- und Wartungspersonals. Aufbauend auf das erfaßte Wissen konnten durch das adaptierbare Diagnosesystem bereits nach wenigen Tagen Schwachstellenanalysen erstellt werden, die eine gezielte konstruktive Verbesserung der Bearbeitungseinheiten ermöglichten.

Ein Beispiel einer Schwachstellenanalyse zeigt <u>Bild 9.2.4-1</u>. Dargestellt ist die der am 28. Tag der Realisierung erfolgten ersten konstruktiven Verbesserung der betrachteten Bearbeitungseinheiten zugrundeliegende Schwachstellenanalyse. Die dargestellte Schwachstellenanalyse bildete die Grundlage für eine durch das Betriebs- und Wartungspersonals durchgeführte Bewertung des Potentials möglicher konstruktiver Verbesserungen für die Störungsvermeidung.

9.3 Bewertung der Ergebnisse

Die in den <u>Bildern 9.2.1-1</u>, <u>9.2.2-1</u> und <u>9.2.3-1</u> dargestellten Verläufe belegen in ihrer Gesamtheit nachhaltig die Richtigkeit der aus den durch das adaptierbare Diagnosesystem erstellten Schwachstellenanalysen abgeleiteten Schlüsse. Die dargestellten Ergebnisse untermauern die Leistungsfähigkeit des Zusammenwirkens der in dieser Arbeit konzipierten und realisierten Methoden der Erfassung der Symptome, des programmbasierten Lernens und der Komponente zur Wissensakquisition zur Unterstützung des Betriebs- und Wartungspersonals bei Störungsbehebung und Störungsvermeidung. Die Eignung des erarbeiteten adaptierbaren Diagnosesystems als nutzbringendes Werkzeug bei der Störungsbehebung und der Störungsvermeidung konnte durch den Erfolg der aus der Schwachstellenanalyse abgeleiteten konstruktiven Verbesserungen der Bearbeitungseinheiten eindrucksvoll bewiesen werden.

Die im Rahmen dieser Arbeit entwickelte Abbildung der physischen Struktur der Transferstraßen machte hierbei die kompakte Analyse der von Störungen betroffenen Komponenten der Bearbeitungseinheiten erst möglich. Das Störungswissen des Betriebs- und Wartungspersonals konnte auf der Grundlage der erarbeiteten Datenbasis zur Wissenserfassung einfach erfaßt, gespeichert und rechnergestützt ausgewertet werden.

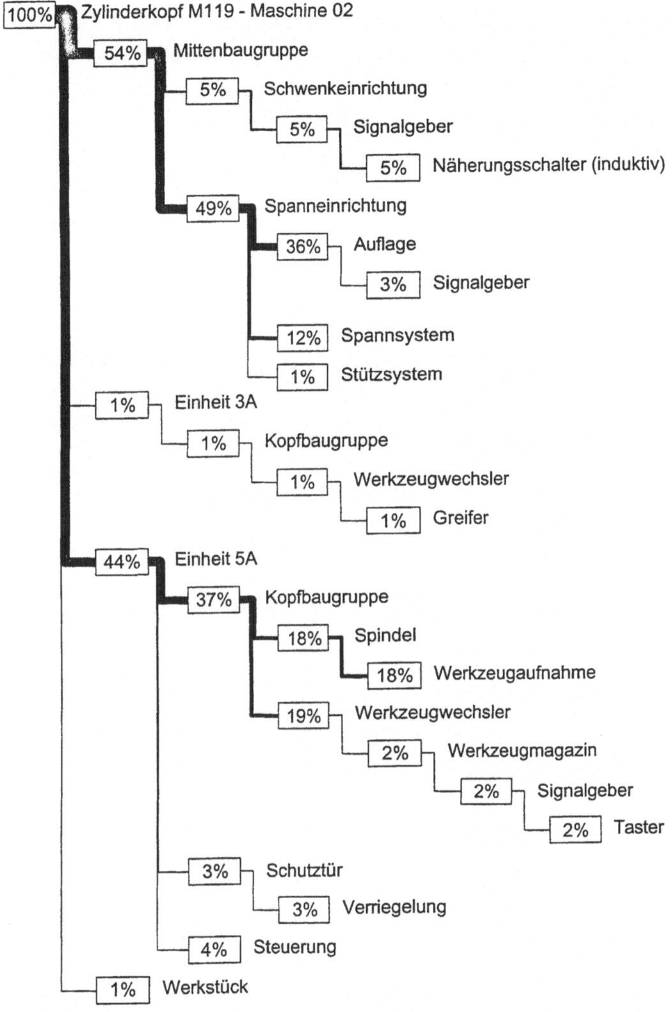

Bild 9.2.4-1: Am 28. Tag der Realisierung auf der Grundlage des bei der Wissensakquisition erfaßten Störungswissens des Betriebs- und Wartungspersonals durch das adaptierbare Diagnosesystem automatisch erstellte Schwachstellenanalyse der betrachteten Bearbeitungseinheiten.

Aufgrund der aus Sicht des Betriebs- und Wartungspersonals erreichten Unterstützung bei der Störungsbehebung und insbesondere der Störungsvermeidung wurde das adaptierbare Diagnosesystem ohne Änderungen in die Eingabefelder der Transferstraßen des neuen V-Motorenwerks 'Bad Cannstatt' übernommen. Der Einsatz des adaptierbaren Diagnosesystems in den im Aufbau befindlichen Motorenwerken der A-Klasse sowie des neuen Motorenwerks für Reihenmotoren in Untertürkheim ist vorgesehen.

10 Zusammenfassung und Ausblick

Aufgrund der bei Fertigungslinien aus Transferstraßen in der Großserienfertigung eingesetzten starren Verkettung bilden Störungen an Transferstraßen die Ursache für die heute in der Praxis zu beobachtende unbefriedigende Produktionsleistung der Fertigungslinien.

Bei Transferstraßen treten nur wenige hundert verschiedene Störungen aus einer unübersehbar großen Anzahl theoretisch möglicher Störungen in Erscheinung. Die auftretenden Störungen sind durch eine häufige Wiederholung gekennzeichnet. Bis auf wenige Einzelfälle können die Störungen innerhalb weniger Minuten durch das Betriebs- und Wartungspersonal behoben werden.

Die heute bei Transferstraßen vorzufindenden wissensbasierten Diagnosesysteme tragen diesen Eigenschaften der Störungen in keiner Weise Rechnung. Insbesondere tiefe wissensbasierte Systeme erweisen sich angesichts des bei Transferstraßen unvertretbar hohen Modellierungsaufwands und deren langwierigen Handhabung als für die betriebliche Praxis ungeeignet. Andererseits stellen bei flachen wissensbasierten Systemen sowohl die Erfassung als auch die Wartung und Pflege heuristischer Symptom-Ursache-Verknüpfungen ungelöste Probleme dar, die die Leistungsfähigkeit flacher wissensbasierter Systeme stark einschränken.

Im Rahmen dieser Arbeit wurde daher ein auf der phänomenologischen Methode basierendes adaptierbares wissensbasiertes Diagnosesystem zur Unterstützung des Betriebs- und Wartungspersonals bei der Störungsbehebung und Störungsvermeidung erarbeitet.

Im Mittelpunkt der Arbeit standen einerseits die Problemstellung der schnellen und zuverlässigen Akquisition des Störungswissens des Betriebs- und Wartungspersonals sowie andererseits die Konzeption und der Entwurf geeigneter Methoden programmbasierten Lernens zur Wartung und Pflege der aus erfaßten Maschinendaten und dem erfaßten Störungswissen gebildeten Symptom-Ursache-Maßnahme-Verknüpfungen. Hierbei wurde zur Wissensakquisition auf die Grundlagen tiefer wissensbasierter Systeme zurückgegriffen.

Durch die bewußte Einbeziehung des Betriebs- und Wartungspersonals konnten die mit tiefen Modellen verbundenen Nachteile vollständig überwunden und eine Wiederverwendbarkeit und einfache Handhabbarkeit der erarbeiteten Repräsentationen der physischen Struktur von Transferstraßen und von Eigenschaften derer Komponenten erreicht werden. Aufgrund der hohen Bedeutung der Unterstützung der Störungsvermeidung wurde besonderer Wert auf die Vergleichbarkeit des erfaßten Störungswissens gelegt, um eine übergreifende Bewertung einzelner Transferstraßen zu ermöglichen.

Die Ergebnisse der im Rahmen dieser Arbeit durchgeführten prototypischen Realisierung des adaptierbaren Diagnosesystems bei Transferstraßen zeigen die vielversprechenden Möglichkeiten der erarbeiteten Vorgehensweise der Kombination eines sehr einfachen tiefen wissensbasierten Systems zur Unterstützung der Wissensakquisition des Störungswissens des Betriebs- und Wartungspersonals mit der Nutzung der phänomenologischen Vorgehensweise zur Unterstützung der Störungsbehebung und den Methoden des programmbasierten Lernens. Die erreichte Akzeptanz der Vorgehensweise beim Betriebs- und Wartungspersonal bildet dabei den Schlüssel zum zukünftigen Einsatz des erarbeiteten adaptierbaren wissensbasierten Diagnosesystems bei Transferstraßen.

Die Bedeutung einheitlicher, am Betriebs- und Wartungspersonal orientierter Vorgehensweisen zur Beschreibung des Aufbaus und der Funktion von Transferstraßen sowie derer Komponenten wird vor dem Hintergrund der stetig voranschreitenden Ausweitung der Aufgaben und der Verantwortlichkeiten des Betriebs- und Wartungspersonals weiter zunehmen. Die in dieser Arbeit vorgestellte Vorgehensweise der Abbildung der physischen Struktur von Transferstraßen und von Eigenschaften derer Komponenten kann hierzu einen wichtigen Beitrag leisten.

In der Zukunft steht die Entwicklung und Einführung einer einheitlichen, wiederverwendbaren und bei einer Vielzahl von Bearbeitungsverfahren nutzbaren Repräsentation der Struktur und der Funktion von Transferstraßen im Vordergrund, um die Kosten für Konstruktion und Dokumentation sowie Wartung und Reparatur der Transferstraßen wirkungsvoll reduzieren zu können. Hierbei weist der in dieser Arbeit vorgestellte objektorientierte Ansatz einen Weg zu praxistauglichen und leistungsfähigen wissensbasierten Diagnose- und Unterstützungssystemen.

Schrifttum

[1] Greve, J.

Störungen im Industriebetrieb.
Darmstadt: TH Darmstadt, Dissertation, 1970.

[2] Isermann, R.

Modellgestützte Überwachung und Fehlerdiagnose technischer Systeme.
atp - Automatisierungstechnische Praxis 38 (1996) 5,
S. 9 ... 20.

[3] N.N.

Begriffe zum Qualitätsmanagement.
Berlin: Deutsche Gesellschaft für Qualität e.V. (Hrsg.),
Beuth-Verlag, 1993.

[4] Dworatschek, S.

Grundlagen der Datenverarbeitung.
Berlin: de Gruyter, 1986.

[5] Brüggemann, H.
Griffel, N.
Köhrmann, C.

*Kennwertansatz für die Verfügbarkeitssicherung von
Produktionsanlagen.*
VDI-Z 139 (1997) 4, S. 36 ... 38.

[6] N.N.

*Richtlinie VDI 3423: Auslastungsermittlung für Maschinen
und Anlagen (Entwurf).*
In: *VDI-Handbuch Betriebstechnik*, Teil 4.
Berlin: Beuth-Verlag, 1994.

[7] DIN 40 041

Zuverlässigkeit in der Elektrotechnik.
Berlin: Beuth-Verlag, 1988.

[8] Schmidt, H.

Anforderungen der Betreiber an die Diagnosetechnik.
In: *Speicherprogrammierbare Steuerungsgeräte.*
Bad-Soden: VDI-Gesellschaft Produktionstechnik (ADB),
1986, S. 103 ... 122.

[9] Kottsieper, H.
Krause, H.

Anlagentechnik.
Köln: Verlag TÜV Rheinland, 1988.

[10] N.N.   *MAINTEX-Präsentationsunterlagen.*
                            Hilden: Framasys GmbH, 1992.

[11] Guckenbiehl, T.   *Diagnose-Expertensysteme: Leistungsfähigkeit und*
      Sutschet, G.   *Entwicklungstendenzen.*
                            In: *Technische Diagnose durch integrierte Informations-*
                            verarbeitung.
                            CCG-Seminar IT 9.12, 1993.

[12] Jacoby, M.   *Allgemeine Kriterien zur Gestaltung von grafischen*
      Offergeld, M.   *Benutzungsoberflächen.*
                            Ulm: Daimler-Benz AG, Forschung Informationstechnik,
                            1994.

[13] Kotterba, B.   *Technische Diagnose im Wandel der Produktion.*
      Schulz, D   QZ - Qualität und Zuverlässigkeit 35 (1990) 9, S. 515 ... 520.

[14] DIN 19 226   *Regelungstechnik und Steuerungstechnik.*
                            Berlin: Beuth-Verlag, 1994.

[15] Engesser, H.   *Duden 'Informatik'.*
                            Zürich: Duden-Verlag, 1993.

[16] Herden, W.   *atp-Supplement: Wissensbasierte Systeme.*
                            atp - Automatisierungstechnische Praxis 32 (1990) 2,
                            S. 2 ... 22.

[17] Kurbel, K.   *Entwicklung und Einsatz von Expertensystemen.*
                            Berlin, Heidelberg, New York: Springer-Verlag, 1989.

[18] N.N.   *VDI Richtlinie 5006 E, Expertensysteme.*
                            Düsseldorf: VDI-Verlag, 1991.

[19] Pearl, J.   *Heuristics - Intelligent search strategies for computer pro-*
                            blem solving.
                            Reading: Addison-Wesley, 1985.

[20] DIN 44 300   *Informationsverarbeitung.*
                            Berlin: Beuth-Verlag, 1988.

[21] Tanimoto, S. L. *KI: die Grundlagen.*
München: Oldenbourg Verlag, 1990.

[22] Nauck, D.
Klawonn, F.
Kruse, R. *Neuronale Netze und Fuzzy-Systeme, Grundlagen des Konnektionismus.*
Braunschweig: Vieweg Verlag, 1994.

[23] Kodratoff, Y. *Introduction to Machine Learning.*
Palo Alto: Morgan Kaufmann, 1989.

[24] Weller, W. *Einsatz von Methoden des maschinellen Erkennens und Lernens in der Qualitätssicherung.*
at - Automatisierungstechnik 40 (1992) 2, S. 63 ... 69.

[25] Hayes-Roth, F.
Waterman, D. A.
Lenat, D. B. *Building Expert Systems.*
New York: Addison-Wesley, 1983.

[26] Reinfrank, M. *Formeln und Modelle: Wissensrepräsentation mit Logik.*
it - Informationstechnik 31 (1989) 2, S. 102 ... 112.

[27] Kirsch, H. *Bayes'sche Netze - ein Werkzeug zur Anwendung der Bayes'schen Regel für Diagnoseaufgaben.*
Karlsruhe: Institut für Informations- und Datenverarbeitung, 1993.

[28] Rose, H.
Macher, G. *Flexible Prozeßautomatisierung - Neue Perspektiven für die Gestaltung von Prozeßleitsystemen auf der Grundlage von Erfahrungswissen.*
atp - Automatisierungstechnische Praxis 35 (1993) 11, S. 610 ... 618.

[29] Bronstein, I. *Taschenbuch der Mathematik.*
Moskau: Verlag Nauka, 1991.

[30] Frank, P. M. *Diagnoseverfahren in der Automatisierungstechnik.*
at - Automatisierungstechnik 42 (1994) 2, S. 47 ... 63.

[31] Mollath, G.
Linnemann, H.
Grundsatzüberlegungen zum Einsatz von integrierten Diagnose- und Überwachungssystemen.
In: *Speicherprogrammierbare Steuerungsgeräte.*
Bad-Soden: VDI-Gesellschaft Produktionstechnik (ADB),
1986, S. 85 ... 102.

[32] Birolini, A.
Qualität und Zuverlässigkeit technischer Systeme: Theorie, Praxis, Management.
Berlin, Heidelberg, New York: Springer-Verlag, 1991.

[33] Vossloh, M.
Modellgestützte Früherkennung und wissensgestützte Diagnose von Fehlern an Werkzeugmaschinen.
München, Wien: Hanser Verlag, 1988.

[34] Wiedmann, H.
Objektorientierte Wissensrepräsentation für die modellbasierte Diagnose an Fertigungseinrichtungen.
Berlin, Heidelberg, New York: Springer-Verlag, 1993.

[35] Storr, A.
Steuerungsbeschreibung und Diagnoseprogrammerstellung mit Zustandsgraphen.
In: *Speicherprogrammierbare Steuerungsgeräte,*
Bad-Soden: VDI-Ges. Produktionstechnik (ADB), 1986,
S. 123 ... 135.

[36] Iwanowski, S.
John, U.
May V.
Anforderungsprofile für die modellbasierte Diagnose bei der Mercedes-Benz AG.
Berlin: Daimler-Benz AG, 1993.

[37] Härdtner, G. M.
Wissensstrukturierung in Diagnoseexpertensystemen für Fertigungseinrichtungen.
Berlin, Heidelberg, New York: Springer-Verlag, 1992.

[38] Jacobi, H. F.
Luft, H.
Expertensysteme im Instandhaltungsbereich.
In: Eichler, C.: *Instandhaltungstechnik.*
Berlin: Verlag Technik, 1990, S. 508 ... 538.

[39] Anders, C.   *Adaptive Diagnostic System for Transfer Lines.*
                      Stuttgart: ISW, Symposium Production 2000: Autonomous
                      Cooperative and Adaptable Manufacturing Units in Computer
                      Network, 1997.

[40] Tönshoff, K.   *Autonome, kooperative Produktionssysteme.*
                      VDI-Z 138 (1996) 9, S. 22 ... 25.

[41] N.N.   *Vorgespielte Realität - Prozeßsimulation für SPS.*
                      industrie-elektrik + elektronik 39 (1994) 3, S. 86 ... 88.

[42] Siegel, C.   *Nutzen von Standards bei Steuerungssoftware für Fertigungs-
                      anlagen.*
                      Produktion Nr. 23 (1996), S. 34 ... 35.

[43] Anders, C.   *Fehlerfrüherkennung bei Transferstraßen.*
      Siegel, C.   VDI-Z 137 (1995) 5, S. 75 ... 77.
      Storr, A.

[44] Timpe, K.-P.   *Analyse der menschlichen Informationsaufnahme und -ver-
      Wetzenstein, E.   arbeitung bei der Bedienung komplexer Fertigungsanlagen.*
                      Berlin: Daimler-Benz AG, Bericht zum Projekt Mensch-
                      Maschine-Schnittstelle, 1993.

[45] Kucera, G.   *Automatisieren mit SPS.*
                      Haar bei München: Markt & Technik Verlag, 1988.

[46] Eversheim, W.   *Erfolgreiches Störungsmanagement in der Einzel- und
                      Kleinserienmontage.*
                      In: *VDI-Jahrbuch 94/95.*
                      Düsseldorf: VDI-Verlag GmbH, 1994, S. 128 ... 151.

[47] Schaar, H.   *Die ganzheitliche Unternehmensentwicklung unter den As-
                      pekten des Total Quality Managements.*
                      In: *TQM Total Quality Management.*
                      Haus Lämmerbuckel: Daimler-Benz AG (Hrsg.), 1993.

[48] N.N. *Neue Leistungs- und Entlohnungsbedingungen für gewerbli-che Mitarbeiter.*
Stuttgart: Mercedes-Benz AG, 1994.

[49] Junglas, W. *Nutzungssicherung der Ressource Werkzeugmaschine mit Hilfe der Informationssysteme PMMS und BFDS in der mechanischen Fertigung.*
München: BMW, 1994.

[50] Fricke, F. *Flexible Fertigungssysteme in der Praxis.*
Firmenschrift der Werner und Kolb Werkzeugmaschinen GmbH, 1988.

[51] Grimm, W. *Diagnosesystem für steuerungsperiphere Fehler an Fertigungseinrichtungen.*
Berlin, Heidelberg, New York: Springer-Verlag, 1987.

[52] Schneider, J. *Regelbasierte Diagnose zur Verkürzung der Stillstandszeiten bei hochautomatisierten Fertigungseinrichtungen.*
at - Automatisierungstechnik 38 (1990) 1, S. 10 ... 16.

[53] Schöneburg, E. *Diagnose mit Neuronalen Netzen.*
atp - Automatisierungstechnische Praxis 35 (1992) 3, S. 161 ... 166.

[54] Maxwell, J. C. *Substanz und Bewegung.*
Braunschweig: Vieweg Verlag, 1981.

[55] Loistl, O.
Betz, I. *Chaostheorie.*
München: Oldenbourg Verlag, 1993.

[56] Ruelle, D. *Zufall und Chaos.*
Berlin, Heidelberg, New York: Springer Verlag, 1992.

[57] Hessler, M. *Durchführbarkeitsstudie zur Einführung eines neuartigen Bedien- und Diagnosesystems für automatisierte Montageanlagen.*
Bremen: Universität Bremen, Institut für Betriebstechnik und angewandte Arbeitswissenschaften, 1990.

[58] N.N.

Marktuntersuchung Diagnosesystem SIGMA.
Nürnberg: Siemens AG, 1994.

[59] Bullinger, H.-J.

Expertensysteme in der Produktion.
Stuttgart: Fraunhofer-Institut für Arbeitswirtschaft und Orga-
nisation, 1993.

[60] Schulz, R.
Seidl, U.

Service-Expertensystem für SPS.
In: Frei, F.: *Speicherprogrammierbare Steuerungen.*
Heidelberg: Hüthig-Verlag GmbH, 1990, S. 64 ... 66.

[61] Raffius, G.

Objektorientierte Konzepte in der Automatisierungstechnik.
atp - Automatisierungstechnische Praxis 37 (1995) 9,
S. 80 ... 83.

[62] Barth, G.

Objektorientierte Erstellung von Software.
In: *Objektorientierte Techniken in der Software-Entwicklung.*
Haus Lämmerbuckel: Daimler-Benz AG, Technologie-
Workshop, 1994.

[63] Zahdeh, L. A.

Fuzzy Sets.
Information and control 8 (1965), S. 338 ... 353.

[64] Cuno, B.

Fuzzy Control.
Berlin: Akademie für Automatisierungs- und Informationstechnik, 1993.

[65] Eichert, M.

*Fuzzy News. Fuzzy und Neuro Technologien in der
Anwendung.*
Aachen: MIT Management Intelligenter Technologien
GmbH, 1994.

[66] Diehl, G.

*Steuerungsperipheres Diagnosesystem für Fertigungseinrich-
tungen auf Basis überwachungsgerechter Komponenten.*
Berlin, Heidelberg, New York: Springer-Verlag, 1992.

[67] N.N.

MAINTEX.
Hilden: Framasys GmbH, 1993.

[68] Döring, H.-J. *Definition und Strukturierung der Funktionen mechanischer, fluidtechnischer und elektrischer Elemente von Bearbeitungs-, Prüf- und Transporteinheiten für ein dezentrales Steuerungskonzept von Transferstraßen.*
Stuttgart: Universität Stuttgart, Institut für Werkzeugmaschinen, Diplomarbeit, 1990.

[69] N.N. *FST - Flexible System Transferstraße.*
Nürtingen: Firmenschrift der Gebr. Heller Maschinenfabrik GmbH, 1993.

[70] N.N. *Sonderwerkzeugmaschinen-Systeme.*
Ludwigsburg: Firmenschrift der Hüller-Hille GmbH, 1994.

[71] N.N. *Technische Trends 1993.*
Berlin: Daimler-Benz AG, 1994.

[72] Seidel, D. *Komplettdiagnose an Werkzeugmaschinen.*
MM - Maschinenmarkt 99 (1993) 5, S. 30 ... 32.

[73] Linke, K. *Wirtschaftlichkeitsrechnung des Expertensystems SIGMA.*
Berlin: IAS, 1993.

[74] Kutscha, S. *Die dynamische Entropieanalyse - Ein Verfahren zur Systemanalyse bei geringem apriori-Wissen.*
at - Automatisierungstechnik 39 (1991) 10, S. 365 ... 370.

[75] N.N. *Ermittlung des Potentials für Anlaufverbesserung mittels eines Expertensystems zur Instandhaltung.*
Berlin-Marienfelde: Mercedes-Benz AG, 1993.

[76] Bauer, K. M.
Wiedling, H.-P. *Einheitliche Bedien- und Darstellungskonzepte.*
Darmstadt: Zentrum für Graphische Datenverarbeitung e.V. (ZGDV), 1993.

[77] Thuy, N. H. C.
Schnupp, P. *Wissensverarbeitung und Expertensysteme.*
München: Oldenbourg Verlag, 1989.

[78] Isermann, R.   *Fehlerdiagnose mit mathematischen Prozeßmodellen.*
QZ - Qualität und Zuverlässigkeit 35 (1990) 9, S. 543 ... 550.

[79] Storr, A.   *Grundlagen der Prozeßrechentechnik und des Software Engineering.*
Stuttgart: Universität Stuttgart, ISW, Skript zur Vorlesung, 1996.

[80] Beuerle, H. P.
Bach-Bezenar, G.   *Kommunikation in der Automatisierungstechnik.*
Berlin: Siemens AG, 1991.

[81] Pritschow, G.   *OSACA - Auf dem Weg zur herstellerübergreifenden offenen Steuerung.*
In: *Komponenten und Schnittstellen für offene Steuerungssysteme.*
München: Carl Hanser Verlag, 1996, S. 7 ... 27.

[82] Mesch, K.   *Statistische Qualitätsregelung bei Stückgut- und Fließprozessen.*
atp - Automatisierungstechnische Praxis 35 (1993) 10, S. 553 ... 563.

[83] Deming, W. E.   *Out of the Crisis.*
Boston: MIT Center for Advanced Engineering, 1982.

[84] Oakland, J. S.   *Statistical Process Control.*
London: Heinemann, 1986.

[85] Grant, E. L.
Leacenworth, R. S.   *Statistical Quality Control.*
New York: McGraw-Hill, 1980.

[86] Garfunkel, S.
Lynn, A.   *Introduction in contemporary mathematics and its applications.*
New York: W.H. Freeman and Company, 1987.

[87] Katterfeld, H.
Oed, R.
Offergeld, M.   *MMI - Darstellung des Forschungsteams Mensch-Maschine-Interaktion.*
Ulm: Daimler-Benz AG, Forschung Informationstechnik, 1994.

Anhang

A   Intervallunter- und -obergrenzen

| | Zwischenereigniszeit | | |
Intervall-Nr.	Intervall-untergrenze [s]	Intervall-obergrenze [s]	Beispiel
1	0	1	1 Sekunde
2	1	2	
3	2	5	
4	5	10	
5	10	20	
6	20	50	
7	50	100	1 Minute
8	100	200	
9	200	500	
10	500	$1 \cdot 10^3$	
11	$1 \cdot 10^3$	$2 \cdot 10^3$	
12	$2 \cdot 10^3$	$5 \cdot 10^3$	1 Stunde
13	$5 \cdot 10^3$	$10 \cdot 10^3$	
14	$10 \cdot 10^3$	$20 \cdot 10^3$	
15	$20 \cdot 10^3$	$50 \cdot 10^3$	
16	$50 \cdot 10^3$	$100 \cdot 10^3$	1 Tag
17	$100 \cdot 10^3$	$200 \cdot 10^3$	
18	$200 \cdot 10^3$	$500 \cdot 10^3$	
19	$500 \cdot 10^3$	$1 \cdot 10^6$	1 Woche
20	$1 \cdot 10^6$	$2 \cdot 10^6$	
21	$2 \cdot 10^6$	$5 \cdot 10^6$	
22	$5 \cdot 10^6$	$10 \cdot 10^6$	
23	$10 \cdot 10^6$	$20 \cdot 10^6$	1 Monat
24	$20 \cdot 10^6$	$50 \cdot 10^6$	1 Jahr
25	$50 \cdot 10^6$	∞	

Tabelle A-1:   Intervallunter- und -obergrenzen. Die Intervallobergrenze ist nicht im Intervall enthalten.

B Klassen informationstechnischer Objekte bei Transferstraßen

A	Abfluß	E	Einheit
	Absolutwertgeber		Einlaufband
	Abstützelemente		Einschwenkvorrichtung
	Adapterplatte		Elektrik
	Antrieb		Empfänger
	Antrieb (Axial)		Endschalter
	Antrieb (Elektrik)	F	Filter
	Antrieb (Hub)		Flachführung
	Antrieb (Mechanik)		Fräser
	Antrieb (Rotation)		Führung
	Antrieb (Spannen)		Führungsplatten
	Antriebsgruppe		Füllstandsmelder
	Auflage	G	Getriebe
	Aufnahme		Glasmaßstab
	Auslaufband		Gleitführung
	Ausschleusband		Greifer
	Austauschbaugruppe	H	Hubbalkentransport
B	Bohrer		Hubeinrichtung
	Bohrstangenlager		Hydraulik
	Bohrstangenauflaufsicherung		Hydromotor
	Bohrstangenunterstützung	I	Impulsgeber
	Bremse		Indexierstifte
D	Datenleitung	K	Kabel
	Drehwinkelgeber		Kette
	Druckschalter		Kopfbaugruppe
	Druckspeicher		Kühlmittelversorgung

<table>
<tr><td></td><td>Kühlung</td><td></td><td>Progressivverteiler</td></tr>
<tr><td></td><td>Kupplung</td><td></td><td>Pumpe</td></tr>
<tr><td>L</td><td>Ladeportal</td><td>Q</td><td>q-Achse</td></tr>
<tr><td></td><td>Lager</td><td>R</td><td>Reflektor</td></tr>
<tr><td></td><td>Laufwagen</td><td></td><td>Revolverbaugruppe</td></tr>
<tr><td></td><td>Leerstation</td><td></td><td>Riemen</td></tr>
<tr><td></td><td>Leitung</td><td></td><td>Rollen</td></tr>
<tr><td></td><td>Lichtschranke</td><td></td><td>Rollenband</td></tr>
<tr><td>M</td><td>Magnet</td><td></td><td>Rundschalttisch</td></tr>
<tr><td></td><td>Mehrspindelkassette</td><td>S</td><td>Schiebetransport</td></tr>
<tr><td></td><td>Meßdorn</td><td></td><td>Schlitten (x-Achse)</td></tr>
<tr><td></td><td>Meßfühler</td><td></td><td>Schlitten (y-Achse)</td></tr>
<tr><td></td><td>Meßkassette</td><td></td><td>Schlitten (z-Achse)</td></tr>
<tr><td></td><td>Mittenbaugruppe</td><td></td><td>Schlittenbaugruppe</td></tr>
<tr><td></td><td>Motor</td><td></td><td>Schmiermittelversorgung</td></tr>
<tr><td></td><td>Motorschutz</td><td></td><td>Schmierung</td></tr>
<tr><td>N</td><td>Näherungsschalter (induktiv)</td><td></td><td>Schubstange</td></tr>
<tr><td></td><td>Näherungsschalter (optisch)</td><td></td><td>Schutztür</td></tr>
<tr><td></td><td>Netzteil</td><td></td><td>Schwenkbaugruppe</td></tr>
<tr><td></td><td>Niederhalter</td><td></td><td>Schwenkeinrichtung</td></tr>
<tr><td></td><td>Not-Aus</td><td></td><td>Sender</td></tr>
<tr><td></td><td>Nullstelleinrichtung</td><td></td><td>Sicherung</td></tr>
<tr><td>O</td><td>Obertransfer</td><td></td><td>Signalgeber</td></tr>
<tr><td></td><td>Ölvernebelung</td><td></td><td>Späneentsorgung</td></tr>
<tr><td>P</td><td>Palette</td><td></td><td>Späneförderer</td></tr>
<tr><td></td><td>Pinolenkassette</td><td></td><td>Spanneinrichtung</td></tr>
<tr><td></td><td>Pneumatik</td><td></td><td>Spannelement</td></tr>
<tr><td></td><td>Positioniersystem</td><td></td><td>Spannsystem</td></tr>
<tr><td></td><td>Prismenführung</td><td></td><td>Spindel</td></tr>
</table>

Spindelkassette

Spindellagerung

Spindelmutter

Spindelstock

Stecker

Steuerung

Stromversorgung

Stützsystem

T   Taktstange

Taster

Transferstraße

Transport

Transporteinrichtung

U   Überwachung (Drehzahl)

Überwachung (Druck)

Überwachung (Strom)

Überwachung (Temperatur)

V   v-Achse

Ventil

Verriegelung

Versorgung

Versorgungsaggregate

Vorrichtungswagen

W   Wegmeßsystem

Wendeeinrichtung

Werkstück

Werkstückvereinzelung

Werkzeug

Werkzeugaufnahme

Werkzeugbruchkontrolle

Werkzeugmagazin

Werkzeugspanner

Werkzeugwechsler

Z   Zylinder

C   Ursachen von Störungen

A   abgebrochen

abgedichtet

abgefallen

abgerissen

abgeschert

ausgefallen

ausgelöst

ausgeschlagen

B   belegt

betätigt

bleibt hängen

blockiert

D	defekt
	doppelt betätigt
F	falsch eingelegt
	falsch eingestellt
	falscher Typ
	fehlerhaft
	fehlerhafter Guß
	fehlt
G	gebrochen
	gefressen
	gelöst
	gerissen
	gestört
H	heruntergefallen
K	klemmt
L	läuft nicht
	locker
	löst zu spät
N	nicht abgehoben
	nicht angelegt
	nicht ausgerichtet
	nicht ausgeschwenkt
	nicht befestigt
	nicht eingerastet
	nicht eingeschaltet
	nicht geklemmt
	nicht gelöst
	nicht gesenkt
	nicht gespannt
	nicht hinten

	nicht eingeschwenkt
	nicht entriegelt
	nicht gedämpft
	nicht geeicht
	nicht oben
	nicht unten
	nicht verriegelt
	nicht vorhanden
	nicht vorne
R	rutscht
S	schlecht
	schwergängig
	schwingt
	spröde
	stumpf
U	überlastet
	undicht
V	verbogen
	verklemmt
	verölt
	verriegelt
	verschlissen
	verschmutzt
	verschoben
	verstellt
	verstopft
Z	zu hoch
	zu kalt
	zu niedrig
	zu warm

D Maßnahmen zur Störungsbehebung

A	abschalten	L	lösen
	ausblasen	N	nachfüllen
	austauschen		nachstellen
B	befestigen		nachziehen
E	eichen	O	öffnen
	einschalten	Q	quittieren
	einstecken	R	reinigen
	einstellen	S	schließen
	entfetten		schmieren
	entriegeln		spannen
	ersetzen	V	verriegeln
F	fetten	W	wechseln
K	kalibrieren		

E   Physische Struktur von Transferstraßen

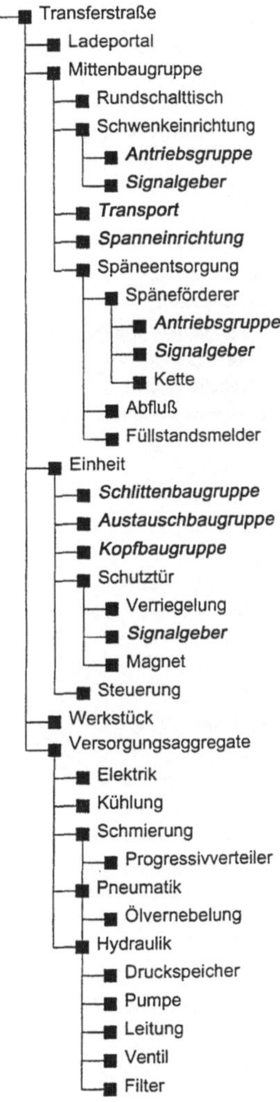

Bild E-1: Baumstruktur zur Abbildung der physischen Struktur von Transferstraßen. Den kursiv dargestellten Knoten sind entsprechende Teilbäume nachgeordnet.

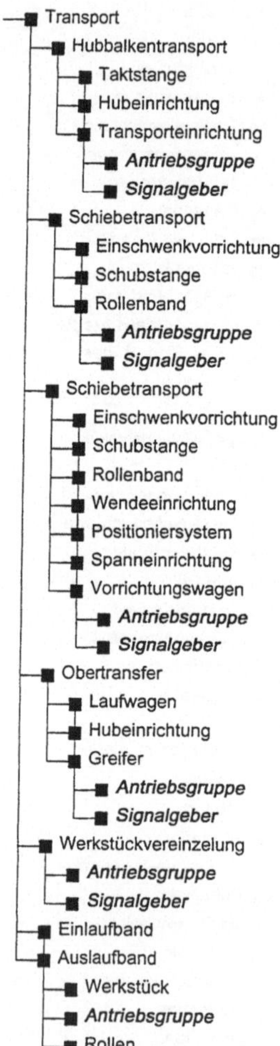

<u>Bild E-2:</u>   Teilbaum *Transport*.

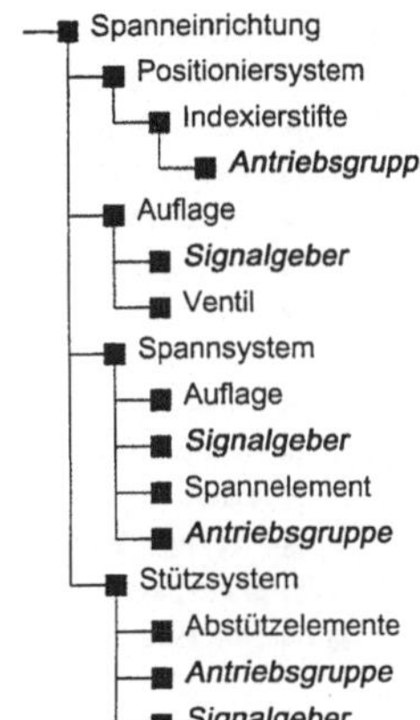

Bild E-3: Teilbaum *Spanneinrichtung*.

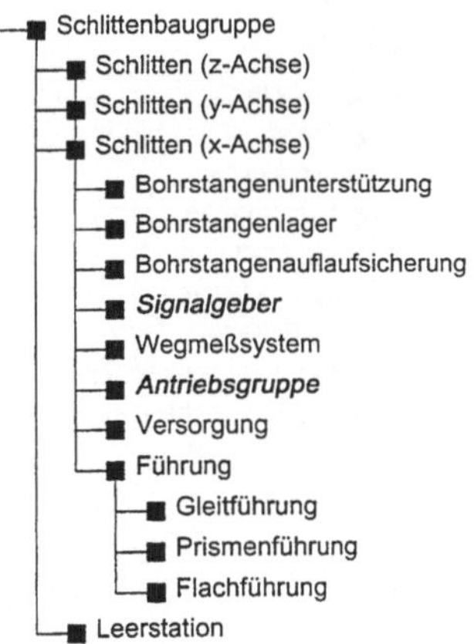

Bild E-4: Teilbaum *Schlittenbaugruppe*.

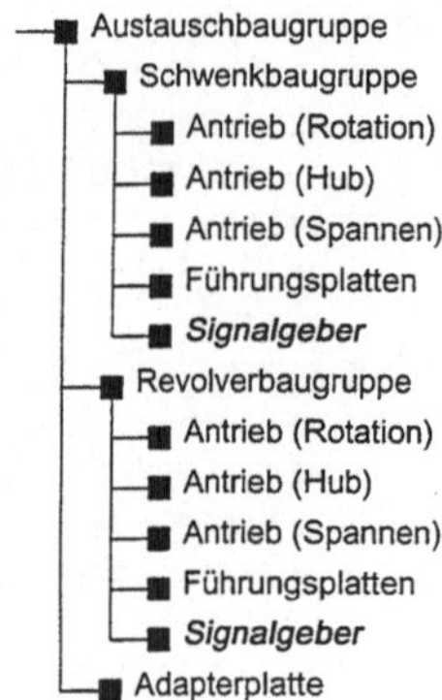

<u>Bild E-5</u>:   Teilbaum *Austauschbaugruppe*.

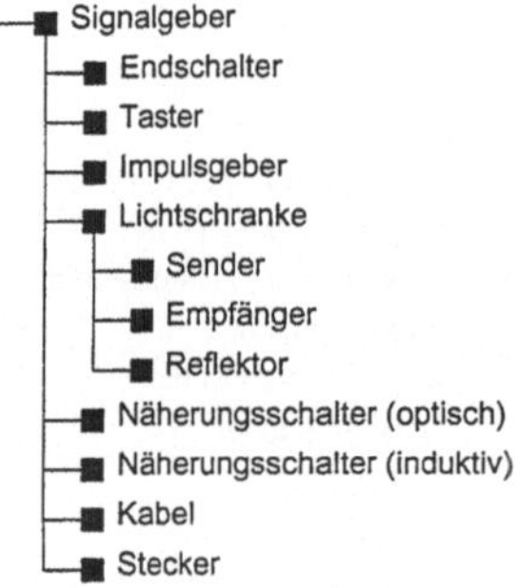

<u>Bild E-6</u>:   Teilbaum *Signalgeber*.

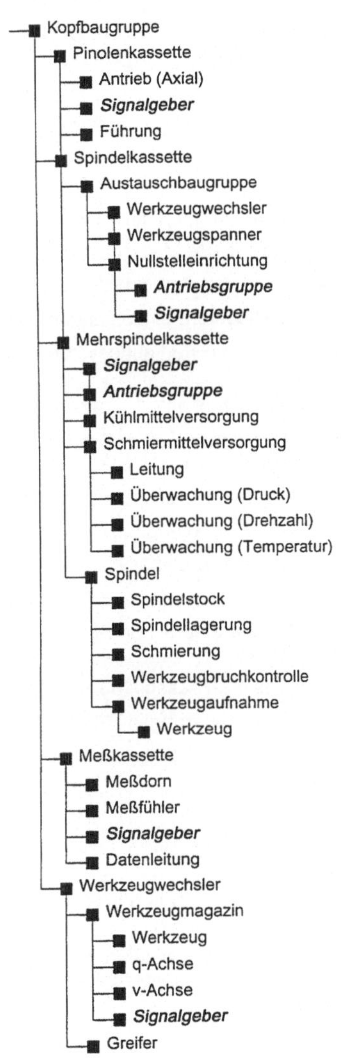

Bild E-7: Teilbaum *Kopfbaugruppe*.

ISW Forschung und Praxis

Berichte aus dem Institut für Steuerungstechnik der Werkzeugmaschinen und Fertigungseinrichtungen der Universität Stuttgart

Herausgegeben bis Band 57 von Prof. Dr.-Ing. G. Stute †
ab Band 58 Prof. Dr.-Ing. G. Pritschow

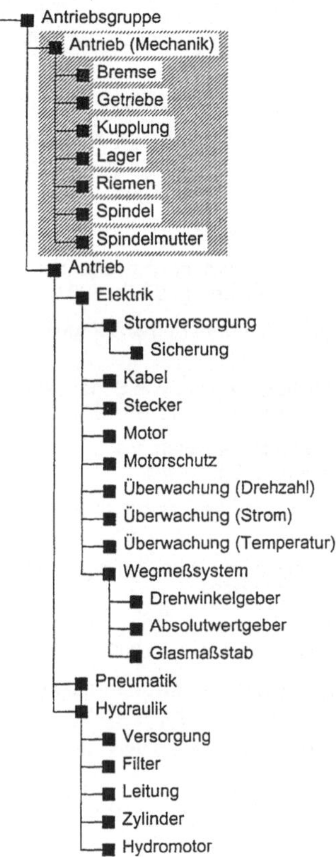

Bild E-8[1]: Teilbaum *Antriebsgruppe*.

---

[1] Im Bild E-8 grau hinterlegt dargestellt ist der von der in Bild 9.1-2 gezeigten Auswahlentscheidung betroffene Bereich des Strukturmodells.

25 O. Klingler, Steuerung spanender Werkzeugmaschinen mit Hilfe von Grenzregel-einrichtungen (ACC), 124 S., 1979

26 L. Schenke, Auslegung einer technologisch-geometrischen Grenzregelung für die Fräsbearbeitung, 113 S., 1979

27 H. Wörn, Numerische Steuersysteme-Aufbau und Schnittstellen eines Mehr-prozessorsteuersystems, 141 S., 1979

28 P. B. Osofisan, Verbesserung des Datenflusses beim fünfachsigen NC-Fräsen, 104 S., 1979

29 J. Berner, Verknüpfung fertigungstechnischer NC-Programmiersysteme, 101 S., 1979

30 K.-H. Böbel, Rechnerunterstützte Auslegung von Vorschubantrieben, 113 S., 1979

31 W. Dreher, NC-gerechte Beschreibung von Werkstücken in fertigungstechnisch orientierten Programmiersystemen, 105 S., 1980

32 R. Schurr, Rechnerunterstützte Projektsteuerung hydrostatischer Anlagen, 115 S., 1981

33 W. Sielaff, Fünfachsiges NC-Umfangfräsen verwundener Regelflächen. Beitrag zur Technologie und Teileprogrammierung, 97 S., 1981

34 J. Hesselbach, Digitale Lageregelung an numerisch gesteuerten Fertigungs-einrichtungen, 111 S., 1981

35 P. Fischer, Rechnerunterstützte Erstellung von Schaltplänen am Beispiel der automatischen Hydraulikplanzeichnung, 111 S., 1981

36 U. Ackermann, Rechnerunterstützte Auswahl elektrischer Antriebe für spanende Werkzeugmaschinen, 118 S., 1981

37 W. Döttling, Flexible Fertigungssysteme – Steuerung und Überwachung des Fertigungsablaufs, 105 S., 1981

38 J. Firnau, Flexible Fertigungssysteme – Entwicklung und Erprobung eines zentralen Steuersystems, 112 S., 1982

39 A. Herrscher, Flexible Fertigungssysteme – Entwurf und Realisierung prozeßnaher Steuerungsfunktionen, 103 S., 1982

40 U. Spieth, Numerische Steuersysteme – Hardwareaufbau und Ablaufsteuerung eines Mehrprozessorsteuersystems, 115 S., 1982

41 A. Schimmele, Rechnerunterstützter Entwurf von Funktionssteuerungen für Fertigungseinrichtungen, 106 S., 1982

42 M. Sanzenbacher, NC-gerechte Beschreibung von Werkstücken mit gekrümmten Flächen, 105 S., 1982

43 W. Walter, Interaktive NC-Programmierung von Werkstücken mit gekrümmten Flächen, 112 S., 1982

44 J. Huan, Bahnregelung zur Bahnerzeugung an numerisch gesteuerten Werkzeugmaschinen, 95 S., 1982

45 H. Erne, Taktile Sensorführung für Handhabungseinrichtungen – Systematik und Auslegung der Steuerungen, 111 S., 1982

46 D. Plasch, Numerische Steuersysteme – Standardisierte Softwareschnittstellen in Mehrprozessor-Steuersystemen, 112 S., 1983

47 Z. L. Wang, NC-Programmierung – Maschinennaher Einsatz von fertigungstechnisch orientierten Programmiersystemen, 103 S., 1983

48 J. Schwager, Diagnose steuerungsexterner Fehler an Fertigungseinrichtungen, 121 S., 1983

49 P. Klemm, Strukturierung von flexiblen Bediensystemen für numerische Steuerungen, 113 S., 1984

50   W. Runge, Simulation des dynamischen Verhaltens elektrohydraulischer Schaltungen – Einsatz von geräteorientierten, universellen Simulationsbausteinen, 132 S., 1984

51   H. Steinhilber, Planung und Realisierung von Werkzeugversorgungssystemen für die NC-Bearbeitung, 126 S., 1984

52   R. Ohnheiser, Integrierte Erstellung numerischer Steuerdaten für flexible Fertigungssysteme, 115 S., 1984

53   M. Keppeler, Führungsgrößenerzeugung für numerisch bahngesteuerte Industrieroboter, 125 S., 1984

54   P. Kohler, Automatisiertes Messen mit NC-Werkzeugmaschinen, 129 S., 1985

55   K.-H. Rieger, Rechnerunterstützte Projektierung der Hardware und Software von Speicherprogrammierten Steuerungen, 123 S., 1985

56   G. Vogt, Digitale Regelung von Asynchronmotoren für numerisch gesteuerte Fertigungseinrichtungen, 126 S., 1985

57   S. Chmielnicki, Flexible Fertigungssysteme – Simulation der Prozesse als Hilfsmittel zur Planung und zum Test von Steuerprogrammen, 120 S., 1985

58   W. Renn, Struktur und Aufbau prozeßnaher Steuergeräte zur Verkettung in flexiblen Fertigungssystemen, 137 S., 1986

59   K. Harig, Quantisierung im Lageregelkreis numerisch gesteuerter Fertigungseinrichtungen, 113 S., 1986

60   H. Frank, Programmier- und Überwachungsfunktionen für teileartbezogene NC-Werkzeugmaschinen, 115 S., 1986

61   H. Möller, Integrierte Überwachungs- und Diagnose-Systeme für numerische Steuerungen, 131 S., 1986

62   H. Fink, Einsatz speicherprogrammierbarer Steuerungen in der Fertigungstechnik, 126 S., 1986

63   J. Fleckenstein, Zustandsgraphen für SPS – Grafikunterstützte Programmierung und steuerungsunabhängige Darstellung, 139 S., 1987

64   E. Wagner, Steuerungen von Koordinatenmeßgeräten mit schaltenden und messenden Tastsystemen, 133 S., 1987

65   W. Grimm, Diagnosesystem für steuerungsperiphere Fehler an Fertigungseinrichtungen, 143 S., 1987

66   W. Swoboda, Digitale Lageregelung für Maschinen mit schwach gedämpften schwingungsfähigen Bewegungsachsen, 141 S., 1987

67   G. Gruhler, Sensorgeführte Programmierung bahngesteuerter Industrieroboter, 119 S., 1987

68   B. Walker, Konfigurierbarer Funktionsblock Geometriedatenverarbeitung für numerische Steuerungen, 125 S., 1987

69   J. Mayer, Werkzeugorganisation für flexible Fertigungszellen und -systeme, 126 S., 1988

70   R. Lederer, Programmierung von NC-Drehmaschinen mit mehreren Werkzeugschlitten, 120 S., 1988

71   G. Häberle, NC-Musterprogrammierung für die rechnerintegrierte Textilfertigung, 127 S., 1988

72   D. Pfeiffer, Kompensation thermisch bedingter Bearbeitungsfehler durch prozeßnahe Qualitätsregelung, 135 S., 1988

73   W. Schmidt, Grafikunterstütztes Simulationssystem für komplexe Bearbeitungsvorgänge in numerischen Steuerungen, 141 S., 1988

74   M. Egner, Hochdynamische Lageregelung mit elektrohydraulischen Antrieben, 147 S., 1988

75   W. Schittenhelm, Konfigurierbares Bedienungssystem für Steuerungen an Fertigungseinrichtungen, 136 S., 1988

76   D. Scheifele, Grafisch dynamische Simulation des Bearbeitungsvorgangs für
Doppelschlittendrehmaschinen, 121 S., 1988

77   G. Keuper, Automatisierte Identifikation der Streckenparameter servohydraulischer
Vorschubantriebe, 152 S., 1989

78   K.-H. Kayser, Kollisionserkennung in numerischen Steuerungen mit der Distanz-
feldmethode, 131 S., 1989

79   R. Viefhaus, Fräsergeometriekorrektur in Numerischen Steuerungen für das
fünfachsige Fräsen, 157 S., 1989

80   J. Zirbs, Fertigungsgerechte Aufbereitung von Flächenverbänden bei der NC-
Programmierung im Formenbau, 130 S., 1989

81   W. Ruoff, Optische Sensorsysteme zur On-line-Führung von Industrierobotern,
123 S., 1989

82   M. Jantzer, Bahnverhalten und Regelung fahrerloser Transportsysteme ohne
Spurbindung, 131 S., 1990

83   H. Schumacher, Einheitliche Programmierung von Automatisierungskomponenten
roboterbestückter Bearbeitungs- und Montagezellen, 116 S., 1991

84   J. Schimonyi, NC-Programmierung für das Werkzeugschleifen, 122 S., 1991

85   K.-H. Wurst, Flexible Robotersysteme – Konzeption und Realisierung modularer
Roboterkomponenten, 164 S., 1991

86   R. Hagl, Erhöhung der Verfügbarkeit von Vorschubantrieben mit selbstanpassender
Lageregelung, 126 S., 1991

87   G. Krebser, Betriebssystem für NC mit einheitlichen Schnittstellen, 130 S., 1992

88   W.-T. Lei, Flächenorientierte Steuerdatenaufbereitung für das fünfachsige Fräsen,
134 S., 1992

89   G. Diehl, Steuerungsperipheres Diagnosesystem für Fertigungseinrichtungen auf Basis
überwachungsgerechter Komponenten, 140 S., 1992

90   U. Nepustil, Offene NC-Schnittstellen zur Korrektur von Fertigungsfehlern, 133 S., 1992

91   M. Bauder, Konfigurierbare Robotersteuerung mit allgemeiner Transformation, 120 S., 1992

92   W. Philipp, Regelung mechanisch steifer Direktantriebe für Werkzeugmaschinen,
118 S., 1992

93   G. M. Härdtner, Wissensstrukturierung in Diagnoseexpertensystemen für Fertigungseinrichtungen, 135 S., 1992

94   H. Wiedmann, Objektorientierte Wissensrepräsentation für die modellbasierte Diagnose an
Fertigungseinrichtungen, 151 S., 1993

95   H. Rudloff, Hochgenaue Konturerzeugung bei Bewegungsachsen mit einer dominanten
mechanischen Resonanzstelle, 151 S., 1993

96   K. Brantner, Adaptierbares Leitsteuerungssystem für flexible Produktionssysteme,
142 S., 1993

97   W. Kugler, Kommunikationsmechanismen für offene Numerische Steuerungssysteme,
136 S., 1994

98   B. Schnurr, Elektrodynamisches Antriebssystem zur Unrundbearbeitung
175 S., 1994

99   J. Schneider, Fehlerreaktion mit Speicherprogrammierbaren Steuerungen – ein Beitrag
zur Fehlertoleranz, 117 S., 1994

100   U. Siewert, Systematische Erstellung adaptierbarer Leitsteuerungssoftware am Beispiel
der Durchsetzungsplanung, 155 S., 1994

101 G. F. J. Heger, Maschinenferner Qualitätsregelkreis in flexiblen Fertigungssystemen, 134 S., 1994

102 W. Hofmeister, Objektorientiert strukturiertes Programmiersystem für NC-Mehrschlitten-maschinen, 113 S., 1994

103 A. Horn, Optische Sensorik zur Bahnführung von Industrierobotern mit hohen Bahn-geschwindigkeiten, 132 S., 1994

104 U. Rentschler, Fehlertolerantes Präzisionsfügen, 128 S., 1995

105 G. Junghans, Modulares grafikunterstütztes Simulationssystem für Bearbeitungs- und Handhabungsvorgänge, 145 S., 1995

106 J. Heller, Sensorgestützte Bewegungserzeugung leitlinienloser Transportfahrzeuge, 123 S., 1995

107 E. Wieland, Anwendungsorientierte Programmierung für die robotergestützte Montage, 137 S., 1995

108 G. Ketterer, Automatisierte Inbetriebnahme elektromechanischer, elastisch gekoppelter Bewegungsachsen, 176 S., 1995

109 Th. Reibetanz, Situationsorientierte Bearbeitungsmodellierung zur NC-Programmierung, 120 S., 1995

110 O. Frager, Durchgängige Programmierung von Fertigungszellen, 135 S., 1996

111 R. Ordenewitz, Betriebsweite Bereitstellung von Werkzeuginformationen, 144 S., 1996

112 C. Daniel, Dynamisches Konfigurieren von Steuerungssoftware für offene Systeme, 124 S., 1996

113 R. Angerbauer, Anwenderorientierte Programmierung fahrerloser Transportsysteme, 141 S., 1996

114 F. Krauß, Splineverarbeitung in numerischen Steuerungen für das fünfachsige Fräsen, 118 S., 1996

115 K.-M. Schittenhelm, Einsatz vorgefilterter Führungsgrößen für Bewegungsachsen zur Bahnerzeugung, 123 S., 1997

116 U. Häberle, Einheitliche Anwenderschnittstelle für Feldbussysteme, 131 S., 1997

117 U. Strassacker, Testumgebung für die Implementierung und Inbetriebnahme eines adaptierbaren Leitsteuerungssystems, 162 S., 1997

118 B. Renz, Hochdynamische Strahllagekorrektursysteme zur Erhöhung der Bahngenauigkeit von CO2-Laserbearbeitungsmaschinen, 189 S., 1997

119 C. Itterheim, Objektorientiertes Bearbeitungsmodell für Freiformflächen – Erstellung und maschinengebundene Modifikation –, 136 S., 1997

120 J. Müller, Objektorientierte Softwareentwicklung für offene numerische Steuerungen, 132 S., 1997

121 M. Glöckler, Verbesserung des Störverhaltens elektrohydraulischer lagegeregelter Zylinderantriebe, 137 S., 1998

122 J. Uhl, Entwurfssystematik für ein dezentral strukturiertes, objektorientiertes Fertigungsleitsystem, 152 S., 1998

123 G. Hammann, Modellierung des Abtragsverhaltens elastischer, robotergeführter Schleifwerkzeuge, 131 S., 1998

124 W. Scholich-Tessmann, Direktantriebe für Industrieroboter, 133 S., 1998

125 R. Wagner, Robotersysteme zum kraftgeführten Entgraten grobtolerierter Leichtmetallwerkstücke mit Fräswerkzeugen, 138 S.,1998

126 C. Anders, Adaptierbares Diagnosesystem bei Transferstraßen, 144 S., 1998